Building energy-saving technologies and
Architectural design

# 建筑节能技术与建筑设计

曲翠松  著

U0246817

中国电力出版社
CHINA ELECTRIC POWER PRESS

## 内容提要

本书主要针对建筑学及相关专业学习者，由实践经验丰富、长期从事建筑技术与建筑结构教学的同济大学曲翠松副教授编写而成。书中由建筑节能技术与建筑设计的关系入手，着重讲解建筑技术对于建筑设计的支撑作用。全书共分七章，包括设计顺应气候、能量、通风、双层立面、中庭、被动式与主动式。各章节中均选取了相应的建筑实例以更好地说明建筑节能技术在建筑设计中的应用。本书适合建筑学本科高年级学生、研究生及广大建筑从业者阅读与参考。

**图书在版编目（CIP）数据**

建筑节能技术与建筑设计／曲翠松著. —北京：
中国电力出版社, 2016.4
　ISBN 978-7-5123-8690-7

　Ⅰ. ①建… Ⅱ. ①曲… Ⅲ. ①建筑设计－节能设计
Ⅳ. ①TU201.5

　中国版本图书馆CIP数据核字（2015）第309204号

中国电力出版社出版发行
北京市东城区北京站西街19号　　100005　　http://www.cepp.sgcc.com.cn
责任编辑：王　倩
责任校对：闫秀英　　　责任印制：蔺义舟
书籍设计：锋尚设计
北京盛通印刷股份有限公司印刷·各地新华书店经售
2016年4月第1版·第1次印刷
787mm×1092mm 1/16·10.5印张·280千字
定价：48.00元

## 前言 Foreword

　　关于建筑节能和建筑节能设计我们早已不陌生，国内也有很多建筑节能设计方面的专家或者擅长做节能建筑的专业机构。但是，我们真的了解什么是建筑节能，以及怎样进行建筑节能设计吗？如果真是这样，为什么我们周围大量的建筑都不节能？原因当然很多，其中教育跟不上是一个重要因素，如我在《建筑学教育中三大支柱的缺失》（发表于2014全国建筑教育学术研讨会论文集）一文中指出的那样，"本科生的培养计划和课程设置中均缺少建筑节能设计的环节"。

　　从2007年冬季起，我在同济大学开设一门研究生的专业选修课《当代建筑节能与建筑设计》，课程的构架和内容是在参考了德国布朗什维克大学节能建筑必修课的基础上加以整合和补充，并且将重点放在与建筑设计相结合上。以此为基础，内容上经过多次增补、修改和补充实例后，结成本书。

### 本书的构架

　　本书共分七章，首先阐述建筑节能设计最基本的原则"设计顺应气候"，其后是与现代建筑节能技术紧密相关的基础篇"能量"和"通风"；"双层立面"和"中庭"两章与建筑设计和空间关系紧密，是很多专业人员知之甚少甚至存在大量误区的专项；"被动式与主动式"则通观现代建筑节能设计的要点并进入这个领域的最前沿。最后一章"节能建筑整合设计实例"选择了笔者深入考察过的三个具有代表性的建成实例，用于阐述现代建筑节能设计以及实施的要领。

### 面对的读者

　　本书所阐述的建筑节能设计知识不属于房屋设备工程师所侧重的技术和设备领域，而是由建筑师撰写的一本专业教科书，对象是建筑学本科高年级学生、研究生和广大的建筑设计从业人员。建筑节能设计是实现环保、高效的建成环境所必须的，学习和掌握现代建筑节能知识并在实践中运用是从事建筑创作不可或缺的。

**鸣谢**

感谢朋友、同事和我亲爱的学生们一贯的支持，感谢同济大学研究生院所给予的资助！

# 目 录 CONTENTS

# 第一章
## 设计顺应气候
CLIMATE
RESPONSIVE
DESIGN

设计需要对建筑所处的自然环境做出回应，其道理不言自明，但今天却往往被设计者忽略。在人类进入工业化时代之前，建造技术与手段低下，为了能在严酷的自然条件下生存下去，人们必须谨慎考虑建筑的朝向、布局及形态，并且采用在当地可能找到的合适的建筑材料。在人类进入工业化时代以后，尤其是后工业化的今天，技术条件有了极大的提高，似乎气候变化带来的所有外界条件的挑战都可以通过技术手段得以解决，以不变应万变，使建造和设计变得更加方便和快捷。于是乎全世界各地的人们都不假思索，采用几乎相同的技术措施来应对气候问题。从20世纪50年代起，世界各地的建筑失去了它们的地域性而趋于雷同，而技术的高能耗也同时给生存环境带来了巨大的负荷，过分依赖技术的捷径所带来的环境问题使得人们不得不重新审视以往建造简单化的做法，重回设计需顺应气候的真谛。

对建筑所处地区天气特性的研究是设计的基础，本章从介绍天气的特性入手，继而阐述建筑材料对局部气候的影响，然后选取德国（中部欧洲）、意大利（南部欧洲、地中海西岸）及沙漠地区和热带雨林气候类型的建筑，针对其设计应对气候所采取的措施和由此而形成的不同的建筑风貌进行分析，之后分析亚洲设计顺应气候的传统。

图1-1 羌族民居，四川。四川西部至今仍被使用的羌族民居，采用当地的石材垒砌。建筑体量呈方形且墙厚以防寒，平面布局紧凑，底层做畜栏，二、三层居住。当地山区少平地，夏秋季多雨，冬季无降雪，屋面多有露台以晾晒作物

图1-2 圆顶石屋，意大利，普利亚。意大利北部山区的圆顶石屋，同样采用当地石材为材料。建筑采用尖圆坡顶，屋顶和墙壁厚实，以防冬季严寒及丰厚的雪量

## 第一节  天气的特性 Climate Idiosyncrasies

微气候受很多因素影响，但最主要的是正常情况下的天气变化走向。影响微气候的大天气的特性和周期是不同的，山和山谷不同，南方和北方不同等。风、雨、雪、阳光、温度和空气湿度是天气的要素，天气周期是这些因素特定的组合，每一个气候区和每一个微气候就是通过这些典型的天气周期的演变形成并保持的。雨季的节奏对一个相应的区域来说是气候的脉搏，如果脉搏改变了，气候也会随之改变（图1-3）。

每个自然景观形式，沙漠、山区或海岸，都有其特殊的属性，具有独特的天气和地表状况，这些是辨认和定义它们的依据。适宜人居的较为常见的自然景观形式可以列举出如下几种（图1-4）：

·草原地带：干燥，多草，无雷雨闪电，土质是土加黏土。草原地势平坦，风大。夏季干燥，冬季会发生雪暴等。

·山区地带：多树，降雨会出现雷电现象，地形地貌变化丰富，有陡峭的山坡，地表多岩石。北方的山区冬季寒冷，降雪及气温随海拔高度变化明显。

·宽谷地带：遍布绿草，雨量较大，土壤肥沃。谷地气温较为均衡，地下水丰富，地形变化为缓丘形式，适合农业。

·丘陵地带：地表既有土壤也有岩石，植被以树木和草丛为主，地形主要为坡地形式。冬季寒冷，需要采取防风措施。

图1-3　全球气候区划分

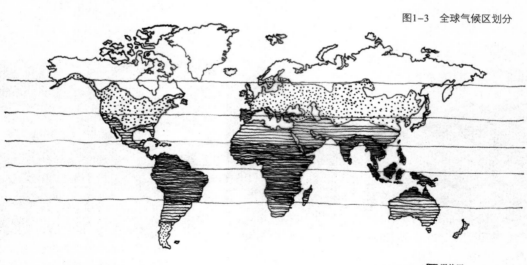

■ 湿热区
▤ 干热区
▥ 温和区
☐ 寒冷区

海滨        山地        宽谷

沙漠        热带

丘陵        林区        草原

图1-4 多种多样的自然景观

·林区：较多树木，土壤肥沃，地貌多样。多树荫，水质好。需要防风及天气防护。

·沿海地带：空气潮湿，盐分大。气候均衡，坡地，风大，雾大，气候多变。地表多沙土。

另外有一些自然景观地带虽然对于人类居住并不十分理想，但由于很多其他原因也成为人居环境的一部分，如沙漠地带，气候干燥，阳光充足，除了仙人掌一类的耐旱植物外植被较少，昼夜温差较大，日间炎热，夜晚寒冷。风大，带有沙尘。地形平坦，对灰沙的防护非常重要。再比如热带，阳光充分，植被葱郁，多蚊虫，空气湿度很大。有些热带地区会出现热带风暴。气温较高，昼夜温差较小，季节变化不明显，常年气温均较高等。

很明显，虽然同一种建筑形式可以建在另外一个地区，但不同的区域要求不同。例如在沙漠里的建筑必须承受通过地壳不停旋转而产生的极大的昼夜温差；在热带，人们会将房子架空建造，以便冷风可以将热量和湿气带走，并且不会受到地里潮气的影响。典型的形式和标志会出现于不同的特定区域。

## 第二节　局部气候 Local Climate

局部气候，或微气候（microclimate），是指一块局部的地区其气候与周边临近的地区有所不同。这个气候与别处不同的区域可以很小，如一个小水池，或者很大，如一个城市中某个方圆几平方千米的街区。

阳光照射几乎不能使空气变暖，而是被阳光照射的表面变暖才使直接相邻的空气层变暖，然后通过对流传递热。所以表面的类型决定了地域的气候，它是由该地域的热、水和光量综合形成的。直接相邻的两个局部温度可能会相差几十度，完全无风的一个地方周围可能就是风口或风的涡流区。所有太阳照射能量的转换都发生在被照射物的表面，这些表面依据其种类、材料、颜色和整个局部的大小决定湿度、反射、导热和热辐射（图1-5）。

图1-5　不同建筑材料的表面温度不同，这些表面依据其种类、材料、颜色和整个局部的大小决定湿度、反射、导热和热辐射，从而影响局部气候

很多地方都有局部气候的实例，比如说一个水体的附近，由于水蒸发吸收周围环境的热量，结果使这块局部的气温较低；一个工业区的微气候可能和附近树林的微气候完全不一样。树林里自然花木的叶片吸收太阳光和热，而建筑的屋面和沥青路面则将其吸收的光热反射回空气。高层建筑有其微气候区，因为它们投射巨大的阴影并且在靠近地面的部位产生极大的风涡流区。在城市密集区，砖石、混凝土和沥青等建筑材料吸收太阳能而温度升高，会向周围辐射这些热能而使周围环境的气温升高，从而导致城市热岛效应。

因此，建筑物对区域气候有很大的影响。所以有意识地选择特定建筑元素可以给局部小气候带来正面影响，并且有利于降低建筑自身能耗，局部气候的改善还有利于利用外部空间。阳光照射越强越无遮挡，区域的小气候就越明显。相反，如果日照不强，如德国，特别是谷地、城市和工业集中的地区，小气候的区别并不明显。尽管如此，这种形成小气候差别的潜力还是存在的。建筑可以通过蓄热体提供热的补充，通过一些措施如玻璃房、集热器和热存储系统可以使很少的太阳照射有目的地使用并按照时间进行控制。

在建筑设计时需要选择适合的材料以避免形成局部热岛，或是促进形成有利的局部微环境，因此必须了解材料的表面和结构特征及其物理特性。材料的颜色影响吸热或反射热，对于需要避免夏季过热的地区可以采取下列措施。

·浅色的墙面反射能力强，可用于较暗的后院和过道的采光支持，在需要时甚至可以通过反射玻璃引入光线。

·过热的城市局部可以通过浅色的外墙涂料降低其表面温度（图1-6），此外还可通过玻璃房、集热器和蓄热体导热。

图1-6　希腊圣托里尼岛夏季炎热，当地民居布局紧凑，建筑多采用白色涂料，以降低建筑物表面温度，并且为街巷提供了极好的反射照明

· 在与浅色的反射墙面相对之处可以设置"果实墙"，种植爬藤植物、葡萄、西红柿或与之类似的植物，这样反射的光线还可提高结果实率，相比之下深色墙体反射的长波光线只能促进枝叶生长。

· 尽量采用浅色的窗框、门、楼梯等，这样，结构不会由于过热造成损坏。

· 通过挑檐、雨篷、阳台及附属建筑，尤其是树木和花草，可以减少建筑和花园夜晚散热。

冬季较为寒冷的地区则需要采取一些与之相反的措施。

· 深色的吸热墙体和地面是极好的蓄热体，可以延时向室内空间如工作位、入口或走道等释放热量。

· 带有可移动保温构件或玻璃前室的深色墙面也可以作为蓄热体将热流引向室内，防止夜晚散热。

· 蓄热体如石头、铺地材料、支撑墙，甚至木块等可以作为点式夜晚放热体，用于花园里防霜。

· 吸热率较高的热阻隔区，热传导较低，在短时间内得到阳光照射就可产生极高的表面温度并使气温升高；有热保温的下部结构能强化这种效果，可以用在早上的停留和工作空间，牧场、干燥间等温度较高的地方。

此外，材料的种类和复合方式会影响导热、蓄热、保温、含水量和蒸发量，材料的结构会影响粗糙度和风阻，建筑构件的位置和倾斜度则影响日照角度，所有这些因素的改变都可能使温度发生极大的变化。

# 第三节　设计顺应气候——德国（中部欧洲）的实例 Climate Responsive Design，Examples from Germany（Westeurope）

## 1. 气候特征

中部欧洲的气候特征以德国为代表，主要特征是温和偏冷，较为潮湿，夏季温暖，冬季较冷，年平均气温以布朗士维克为例为8.3℃。

## 2. 顺应气候要求所采取的措施（图1-7）

· 建筑应朝南。

· 南立面应避免遮挡造成的阴影。

· 被动式或主动式太阳能利用/太阳能立面系统如透明保温、主动式系统等。

· 建筑布局需紧凑，合理的表面积与体积比（A/V）。

· 建筑平面应分区。

· 利用蓄热物质。

## 3. 建筑实例——乌尔姆佐内菲尔德被动式住宅区（Passivehouses in Sonnenfield Ulm）

早在1998年德国乌尔姆市就启动了佐内菲尔德被动式住宅区项目，其目的之一是为2000年以"人—自然—技术"为主题的世博会建设生态节能住区的示范项目。基地位于乌尔姆市西部的一块坡地，规划中共有104幢行列式及联排住宅，全部按照被动式住宅标准设计和施工建造（图1-8）。

首先建筑的选址十分重要，选对地址则为建筑节能打好先天有利的基础。对于有地势起伏的坡地，理想的建筑基地是山坡中部的南向位置。所有其他外界和内部条件相同的情况下，这样的地理位置比位于普通平地上的建筑能耗低15%，而建于坡顶的建筑将由于凸出于周围环境使能耗增加15%，

图1-7 适合德国气候的典型的居住建筑形式

图1-8 乌尔姆佐内菲尔德被动式住宅区总图

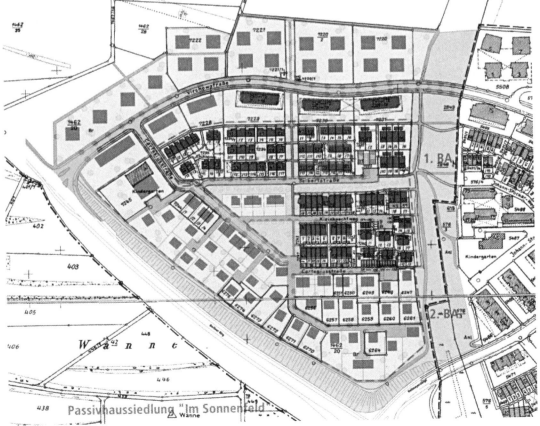

低洼地带则由于寒气和湿气较大其能耗也将增加10%（图1-9）。

其次选择适当的建筑朝向。在中部欧洲建筑节能主要解决的问题是冬季的得热和防止热损失，所以这个实例为适应当地气候条件，将建筑的主要使用空间全部朝南。研究表明，对建筑节能的要求越高，对建筑朝南的需要就越明显（图1-10）。

图1-9 地势差别造成建筑能耗先天性不同

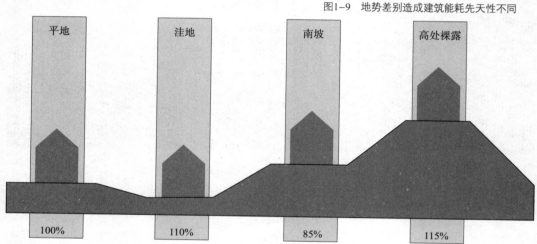

图1-10 建筑朝向对建筑能耗的影响。WSVO95：德国建筑热防护法规，1995年版；EnEV：2002年开始实施的德国建筑节能法规，若干年出现数次修订，节能要求越来越高；PH：德国被动式建筑节能法规

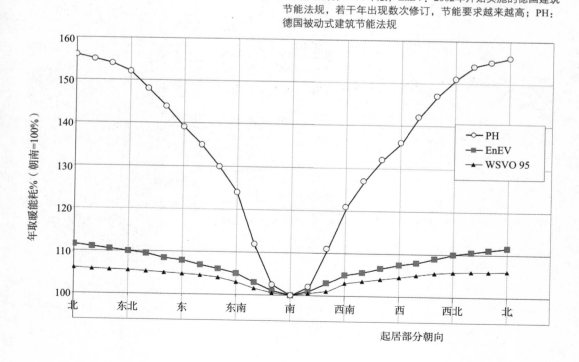

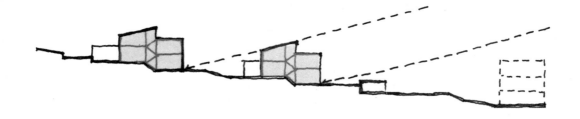

图1-11 地势差别造成建筑能耗先天性不同

在规划时还必须注意建筑的排布不应造成前后遮挡。德国的纬度较高，相当于我国的东北地区，因此必须根据地形准确计算建筑的前后间距，以满足冬季南立面有足够的日光照射，完成被动式建筑日间的蓄热功能。

这种布局上的考虑可以引起建筑剖面的相应变化。为缩小建筑之间的行距并且保证前排建筑不遮挡后排建筑的阳光，可将建筑后半部分的屋顶按照冬季日射角度做成坡向后侧的斜面，而前部的屋顶平台更有利于日光通过位于中部的垂直中庭空间进入更深的室内而使之获取更多的热量（图1-11）。

在南立面避免形成遮挡，在建筑场地设计时同样需要得以体现。在建筑南向从偏东南45°至西南45°范围内应避免设置任何体型较高大的物件和种植较高的树木，避免在建筑的南立面形成阴影区（图1-12）。

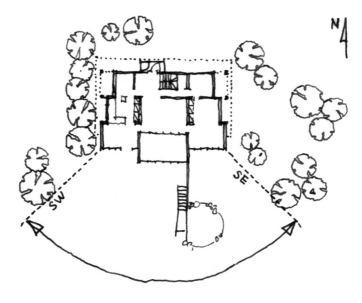

图1-12 单体建筑基地内南侧不能造成遮挡

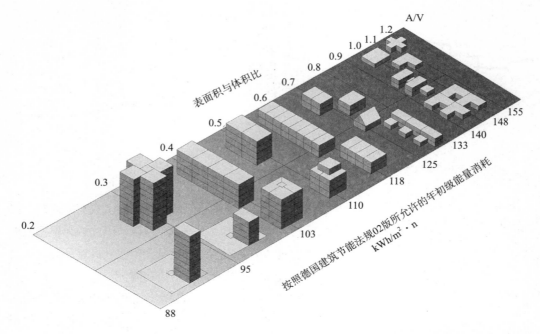

A/V

表面积与体积比

1.2
1.1
1.0
0.9
0.8
0.7
0.6
0.5
0.4
0.3
0.2

155
148
140
133
125
118
110
103
95
88

按照德国建筑节能法规02版所允许的年初级能量消耗

kWh/m² · n

图1-13　表面积与体积比对建筑能耗的影响

　　对于建筑的单体设计最为重要的是建筑的形体必须尽量紧凑，避免使用过于复杂、边角较多的平面，因为这样会增大建筑的表面积，从而造成不必要的热损失。随着表面积与体积比的增加，建筑的能耗也有显著递增（图1-13）。以同样是二层高、居住面积约140m²的独立式住宅为例，表面积体积比为0.86m⁻¹的异形平面住宅年平均能耗将比表面积体积比为0.79m⁻¹的矩形规则平面住宅高出12.5%。

　　乌尔姆佐内菲尔德被动式住宅遵循以上设计原则，其行列式和独立式住宅从外观上虽然具有多样性，但它们共同的特征是十分明显的（图1-14）。

图1-14　乌尔姆佐内菲尔德被动式住宅外观，形体紧凑，南立面均无遮挡

10

## 第四节　设计顺应气候——意大利（南部欧洲、地中海西岸）的实例 Climate Responsive Design, Examples from Italy（Southeurope, Mediterranean Westside）

### 1. 气候特征

南部欧洲的气候特征也具有普遍性，这些国家大多数有较长的海岸线，并且很多具有海岛气候特征。以意大利为代表的南部欧洲地区是典型的地中海气候，主要特征是夏季炎热干燥，冬季温和多雨，低温时间较短。但需要注意的是，内陆和沿海地区的气候差别很大，地中海地区和大西洋沿海地区的气候也不尽相同。

### 2. 顺应气候要求所采取的措施

· 夏季防热。

· 冬季防冷及必要的防雨措施。

· 建筑需要合理的表面积与体积比（A/V）。

· 选择合理的屋顶形式，确定合理的挑檐深度（冬季阳光可照进室内，夏季防止日光照进室内）。

· 建筑朝向的确定需根据日照和风向综合设定。

· 需要优化建筑南向的开启及其室外空间的利用。

· 需采取合适的遮阳措施。

位于意大利托斯卡纳地区的城市锡耶纳的城市形态是适应这种气候的典型（图1-15）。由于冬夏季都有相应降水，这里的建筑多采用缓坡屋顶。为防护夏季的强烈日晒，建筑

图1-15　锡耶纳的城市建筑群

图1-16　希腊岛屿上的建筑群

布局紧凑，建筑之间的间距较小，形成狭窄的巷道以相互遮阴。这些巷道由于处在阴影里，所以气温较低，在夏季也提供了户外停留和活动的空间。

相比之下同样是地中海气候区的希腊岛屿则略有不同，因为这里的夏季更加干旱少雨（图1-16）。除了采取同样的措施如建筑布局紧凑、建筑之间的间距较小形成狭窄的巷道以相互遮阴、开窗面积较小以外，这里的建筑大多采用平屋顶，既提供了夜晚室外活动的空间，也同时具有雨水收集和存储的功能。

在夏季偏热冬季较冷（但时间较为短促）的气候区，建筑的分区设计十分重要。公元前4世纪的苏格拉底住宅即为符合当地气候的充分利用太阳能的实例（图1-17）。建筑被划分为前、中、后三个区域，中部是主要的生活起居部分，位于室内，前部是有屋顶的室外活动区，夏季白天这里形成阴影，使得位于其后的起居部分免受直接日照而保持凉爽，而夜晚起居部分打开，平台处形成室内空间的延伸，在进行夜晚交叉通风的同时，提供了很好的活动空间；冬季白天太阳入射角较低，阳光可以直射入起居部分的室内；建筑的铺地采用吸热系数较高的石材作为蓄热体，白天所吸收的热量可以在夜晚被释放出来，以保持室内的温度；建筑的后部是存储空间，外墙采用较厚的实墙，整个区域作为建筑的热缓冲区可防止冬季热损失。

这种前部设置前廊作为夏季抵挡强烈日晒的热缓冲区的

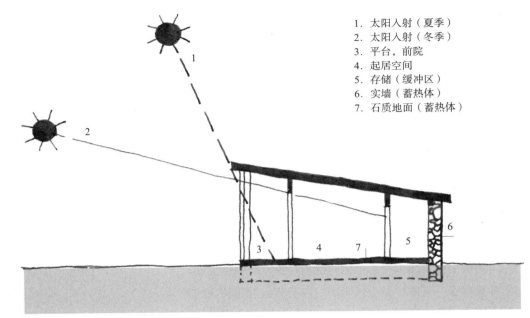

1. 太阳入射（夏季）
2. 太阳入射（冬季）
3. 平台，前院
4. 起居空间
5. 存储（缓冲区）
6. 实墙（蓄热体）
7. 石质地面（蓄热体）

图1-17　苏格拉底的太阳房（公元前469—公元前397年）

做法同样体现在许多公共建筑中。图1-18是位于威尼斯的一座南侧底层设有后退式柱廊的公共建筑，由于冬季和夏季的太阳入射角不同，这里冬暖夏凉，提供了冬夏皆宜的室外城市公共空间。

### 3. 建筑实例

以西班牙塞尔维亚的欧苏那市某住宅区为例，可以详细了解适应此地区气候特征所应采取的建筑措施（图1-19和图1-20）。

·南侧院子内的临时遮挡，比如一个葡萄架，夏季长出浓密的叶片形成阴影区，可防止强烈的日光射入室内；冬季

图1-18　意大利威尼斯公共建筑南侧的后退式柱廊

图1-19　西班牙塞尔维亚欧苏那市某住宅区

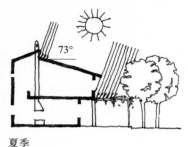
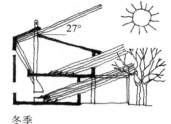

夏季　　　　　　　　　　冬季　　　　　　　　　　夏季夜晚通风

图1-20　西班牙塞尔维亚欧苏那市某住宅区节能设计示意图

植物脱去叶片则移除此处的遮挡，此时太阳入射角较低，可以使日光斜射入室内而获取热量。

·南侧的建筑屋顶设有挑檐——出挑深度需根据太阳入射角计算确定。夏季挑檐形成阴影可以避免入射角较高的日光射入室内，冬季太阳入射角较低，日光可以射入室内。

·建筑的后部设置高起部分，并在南侧设置可开启窗扇及其挑檐。夏季太阳入射角较高，此处日光无法射入室内；冬季较低的入射角日光通过此处射入建筑的后墙，这里的蓄热体在白天尽可能多地吸收太阳光热供给建筑夜晚利用，并且改善了建筑后部的采光。

·建筑的设计便于利用夜晚交叉通风。在夏季的夜晚，关闭建筑的南侧下部开口，打开北侧的下部和南侧的上部开口，使得较冷的空气从建筑底部进入室内，与经过一天的使用而变热的室内空气进行热交换，带走热量，通过南侧顶部的开口排出到室外，完成夜晚交叉通风。在冬季这种通风将被关闭，取而代之的是为时较短的定量换气，从而避免过多的热量损失。

## 第五节　设计顺应气候——沙漠地区的实例 Climate Responsive Design, Examples from Desert Regions

### 1. 气候特征

沙漠气候是大陆性气候的极端情况，其主要特征是晴天多，阳光强，干燥，夏季热，昼夜温差大，风沙多。在副热带沙漠分布最广，基本原因就是少雨，植物难以生存，植物种类和数量极其稀少。地表裸露，空气十分干燥，极少水分。白天太阳辐射强，地面加热迅速，气温可高达60~70℃。夜间地面冷却极强，甚至可以降到0℃以下。因此，气温变化非常大，温差可以高达50℃以上。

### 2. 顺应气候要求所采取的措施

·密集式建筑群。

·紧凑的建筑形体和布局。

·使用热容大的蓄热体。

·极小的开启部位（狭缝式）。

·风塔用于冷却（烟囱效应）。

·迷宫式街道（用于阻隔沙尘暴、投射阴影及组织气流）。

·大多用黏土作为建筑材料。

黏土被沙漠地区大量使用的主要原因是它在这些地区随处可见，容易获得；其次黏土容易加工且应用灵活。黏土不可燃，有极佳的隔热性能，它的热容很大，是很好的蓄热（湿气）体，它不仅温度变化缓慢，并且极耐风沙侵蚀。

沙漠地区的建筑多采用方形，间距很小，这些体块之间相互投射阴影以减少日晒。体块之间相互层叠形成建筑内部气温由上至下逐步降低。建筑朝向外侧的开启部分都很小，以避免炙热的空气通过这些开启部分进入建筑内部（建筑往往设置内院或内天井以获得更多的光线和舒适的室外活动空间）（图1-21和图1-22）。

迪拜巴斯塔基亚（Bastakia）以"风塔"著称的传统民居利用"风塔"给建筑进行自然通风。建筑的角部设置高约15m的烟囱状塔楼，塔楼侧面为细长条的开口，通过烟囱效

图1-21 墨西哥州普埃布洛人用黏土建造的民居聚落

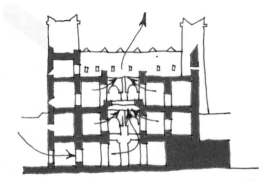

图1-22 干旱气候区建筑通过围合的内院调节通风和采光

应为建筑制冷（图1-23）。这种利用太阳光热为建筑进行通风的设计来自于自然界的启示，在干旱的沙漠地带生活的蚁群建造的巢穴采用蓄热能力强的黏土，阻隔酷热的室外空气进入蚁穴内部，并且经过白天长时间的日晒也不会使内部温度升高。新鲜空气通过地下通道进入蚁穴，经过土壤层时被冷却后进入蚁穴的活动空间。蚁穴的造型高耸，其上部留有渐行渐窄的出气通道，加上黏土极好的吸湿功能，这样就形成了拔风作用，保证蚁穴内部的空气畅通且恒温恒湿（图1-24和图1-25）。

风塔的仿生构造用在建筑中可以综合以下几项措施并结合建筑设计进行考虑（图1-26）。

图1-23 迪拜巴斯塔基亚以"风塔"著称的传统民居

图1-24 非洲干旱气候下的蚁巢

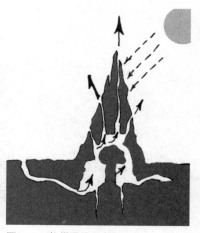

图1-25 蚁巢通风示意图

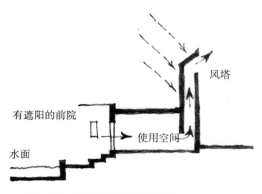

图1-26 风塔用于建筑的示意图

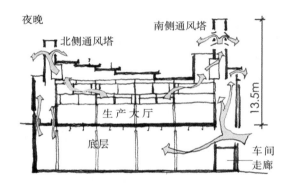

图1-27 马尔塔某生产车间通过风塔进行交叉通风示意图

· 在建筑的背部设置高耸的塔楼状构筑物，与建筑的主要使用空间连通，且保证气流通道流畅。

· 建筑的主体部分做好防晒，防止经过暴晒后室内气温的快速升高。

· 需采用相应的措施预冷（处理）进入室内的空气，如采取建筑南立面的遮阳处理，或者在南侧的室外设置水池等。

马尔塔某生产车间是这种风塔用在建筑中的一个建成实例。建筑基地南北有一层高的高差，南侧地势较低。建筑在南北两侧的端部各设置一个风塔，风塔的底部和顶部均有开口。建筑的底层将走廊设置在使用空间的南面，形成缓冲区；南侧的朝南立面风塔较高——由于生产车间层高较高，而其南侧的走廊层高较低，其上部即通风塔的位置，北侧的设置与南侧类似。夏季的白天生产大厅封闭，使用内部空调系统，通风塔即为无空调的缓冲空间进行通风；夜晚缓冲空间与生产大厅之间的连通处打开，冷空气从通风塔底部进入，穿过生产大厅，再通过高处开启部位的拔风作用将室内热空气排出，形成交叉通风（图1-27和图1-28）。

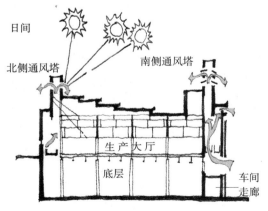

图1-27 马尔塔某生产车间通过风塔进行交叉通风示意图

图1-28 马尔塔某生产车间外观

## 第六节 设计顺应气候——热带雨林地区的实例 Climate Responsive Design, Examples from Rain Forest Regions

### 1. 气候特征

热带雨林地区终年高温多雨，各月平均气温在 25~28℃，年降水量可达2 000mm以上，季节分配均匀。

### 2. 顺应气候要求所采取的措施

·建筑无取暖需求，对建筑材料的蓄热性能无要求。

·建筑应防雨。

·建筑朝向应适应风向，必须充分考虑建筑通风，避免过重的湿气积聚于室内。

·尽量使用当地建材。

位于印度尼西亚托拉雅村的传统民居 "同口南" （Tongkonan），为适应当地炎热潮湿的热带雨林气候，建筑主体坐落于木桩上，底层架空，楼板与地面没有接触，以避免地上的湿气通过楼地面进入室内。建筑为木结构，穿插式连接，建筑的屋顶呈船型，采用竹木混合结构，两端远远

图1-29 印度尼西亚托拉雅村的传统民居

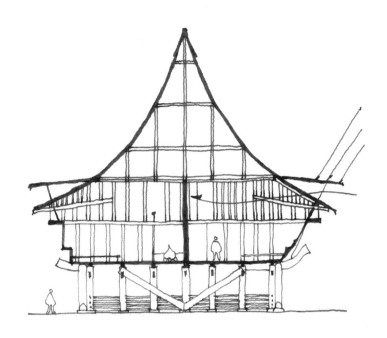

图1-30 印度尼西亚托拉雅村的传统民居通风示意图

起挑，既可为建筑挡雨，又可引导风向。建筑的主要立面朝南，由于技术限制开窗较少，为满足通风需要在檐口部分设有可活动的"盖板"，打开时将主导风引入室内，完成交叉通风（图1-29和图1-30）。

1998年建于新喀里多尼亚（Nouvelle-Calédonie，澳大利亚东岸附近的南太平洋岛屿）的让·玛丽基波文化中心

图1-31 让·玛丽基波文化中心，新喀里多尼亚，1998。建筑师：伦佐·皮亚诺

（Culture Center Jean-Marie Tjibaou，建筑师：伦佐·皮亚诺）是借鉴了当地建筑利于通风的做法同时又体现现代建造技术进行诠释的良好实例，这说明好建筑既可以是现代的，又可以是本土的（图1-31）。

建筑位于半岛的尽端，南侧为海湾，北侧是一个泻湖（图1-32）。建筑采用钢木结构，其造型的灵感来自于生活在岛上的卡那克人的传统民居高耸的屋顶（图1-33），同时也是基于被动式通风的考虑。由于当地常年气温较为温和但湿气较重（空气湿度全年都在70%左右），保证足够的自然通风是建筑设计的关键。建筑有三组筒形的高耸空间，高度各异，最高达28m。这些筒形的空间面向海面，背部由一条弧形的走廊连接，并通向较大的报告厅和展览空间。筒形空间的屋顶向泻湖方向倾斜，采用可开启玻璃百叶，可根据外部天气的状况选择开启或关闭。

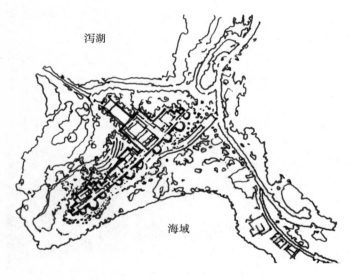

图1-32 让·玛丽基波文化中心，建筑总平面图

图1-33 卡那克传统民居

20

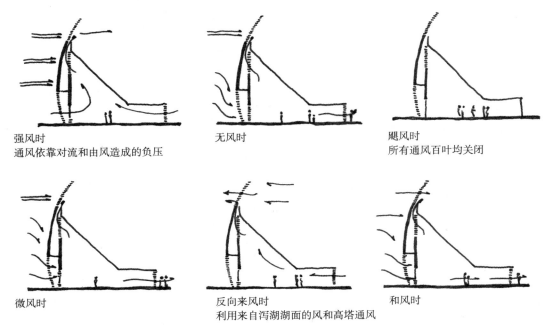

强风时
通风依靠对流和由风造成的负压

无风时

飓风时
所有通风百叶均关闭

微风时

反向来风时
利用来自泻湖湖面的风和高塔通风

和风时

图1-34　让·玛丽基波文化中心，利用高塔进行被动式通风示意图

建筑可在各种天气情况下利用高塔进行被动式通风。高塔的迎风面和室内部分在不同高度上均设有可单独调控的通风百叶。在强风状态下，风主要来自海面，部分来自泻湖，室内百叶的最下部及最上部开启，通风依靠对流和由风产生的负压；当风主要来自泻湖方向时，利用高塔上部开启的拔风作用通风；飓风时，所有下部的进风口均关闭，仅提供高塔上部开启造成的吸力及建筑的缝隙进行通风；在无风时，高塔上部和下部的室内外百叶全部开启，通过室内热气流上升经高塔顶部的开口造成负压促使室内空气流通；随着外部风力逐步提高，高塔室内墙体的下部百叶由上至下逐层关闭以调节通风量（图1-34）。

## 第七节　中国建筑顺应气候的传统 Climate Responce of Chinese Traditional Buildings

和世界上任何其他地区一样，经历了漫长农耕时代的中国在建造史上同样遵循顺应气候的道理，以应对各种自然和气候条件带来的问题，其中最著名的要数风水理论。这个理论的形成汇集了古人总结地球物理学、水文地质学、宇宙星体学、气象学、环境景观学、建筑学、生态学及人体生命信

息学等方面的经验和认识，其宗旨是审慎周密地考察、了解
自然环境，利用和改造自然，创造良好的居住环境，赢得天时
地利与人和，达到天地人合一的最佳生存空间。这个理论的核
心是关注金木水火土这些自然因素之间的相互关系并强调地理
方位及由此产生的气候影响（图1-35）。风水的理论基于中国
中部地区的自然条件，经过逐年的积累，总结出最佳的建筑选
址条件，完全体现了建筑顺应气候的原则（图1-36）。

中国地域辽阔，跨越寒温带、中温带、暖温带、亚热带
和热带几个气候区（图1-37），地形地貌多种多样，因此顺
应气候的传统建筑形式也极为丰富，这里仅举几个实例来进
行演示性说明，现时代建筑设计还可以从传统建筑的方法中
吸取很多有启发性的元素。

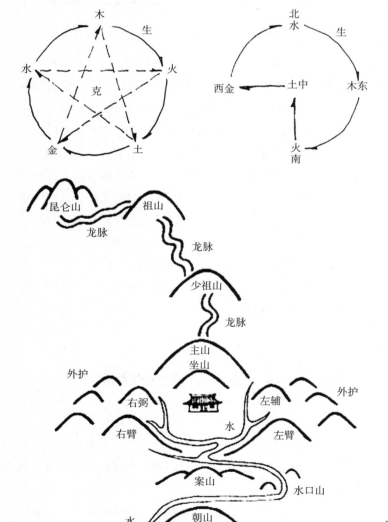

图1-35 风水中的五行与方位

图1-36 依照风水理论的理想建屋
之地

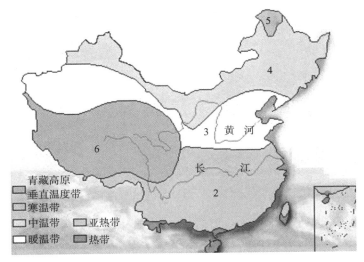

青藏高原
垂直温度带
寒温带
中温带 　亚热带
暖温带 　热带

图1-37　中国的气候区

图1-38　广西壮族的干栏建筑

图1-39　干栏建筑的屋檐

### 1. 干栏式建筑

　　在我国南方的广大地区，夏季较长且高温、多雨、潮湿，年平均气温在22℃以上，少数民族的干栏式建筑就是为了顺应这种气候条件产生的（图1-38）。这种建筑采用杆栏将下部架空，底层敞开，间架宽阔，用以安置石碓、石磨，围设牛栏、猪圈、鸡鸭舍，还可堆放农具、柴草等。二层是人的主要使用空间，装有木梯或石梯，前面设有开敞的前廊和晒台，可晒衣服、粮食，也是纺线、织布、绣花，乘凉和家庭休憩娱乐的主要场所。三层一般用于储存粮食、粮种和存放什物。屋顶呈"人"字形，屋墙用木板装修或用土块砌筑。为了遮雨和夏季防晒，屋檐有较长的出挑（图1-39）。干栏式建筑多就地取材，使用轻质的竹木，可防潮、散热通风及避虫兽侵袭和洪水冲击。

### 2. 土掌房

　　位于云南泸西县及周边的彝族土掌房为彝族先民的传统民居，距今已有500多年的历史。由于对材料、结构及构造方式的恰当选择，土掌房厚重的墙体和屋面蓄热性好，非常适应当地干热的河谷地带气候条件。它烈日晒不热，寒风吹不入，雨水淋不透，冬暖夏凉。

图1-40 云南土掌房村落　　　　　　　图1-41 徽州民居中的天井

　　• 土掌房以石为墙基，它的墙体以泥土为料，修建时用夹板固定，填土夯实逐层加高后形成土墙（即所谓"干打垒"）。当地的土质细腻，干湿适中，为土掌房的建造提供了大量方便易得的材料。

　　• 厚实的土墙上架梁，梁上铺木板、木条或竹子，上面再铺一层土，经洒水抿捶，形成平台房顶，不漏雨水。房顶又是晒场。土掌房多为平房，部分为二屋或三层。

　　• 土掌房冬暖夏凉，防火性能好，非常实用。

　　• 土掌房村落建造在山地，依据自然地势，层层叠叠、集中连片、背山面河，全村房屋墙连墙，下一家的屋顶即为上一家的场院，具有很好的社区生态，并且十分节省建筑用地。

　　无论窑洞民居还是土筑房、土掌房民居，及至扩大到中国西北干旱、荒漠地区的一些以土坯、夯土、石砌等生土构筑而成的民居，如青海东部的"庄廓"、川青藏一带藏族的"碉房"，乃至新疆喀什地区的"高台民居"，均被列入"生土建筑民居"一类。这些建筑的布局和形态适应当地的气候条件，采用当地容易获得的材料，加上传统和文化因素，显示不同建筑风格的同时，均遵循设计顺应自然的基本原理。

## 3. 天井

　　中国传统建筑中，空间比较狭小而高的庭院通常称为天井，多见于南方湿热地区，有利于建筑通风，其中徽州民居非常具有代表性（图1-41）。

　　徽州，今安徽黄山市、绩溪县及江西婺源县。气候炎热，潮湿多雨，夏春秋三季较长，冬季较短。南方普遍人稠山多地窄，故重视防晒通风，布局密集而多楼房。徽州的村落按照风水的原则选址修建，或依山势，或傍水而居，形态

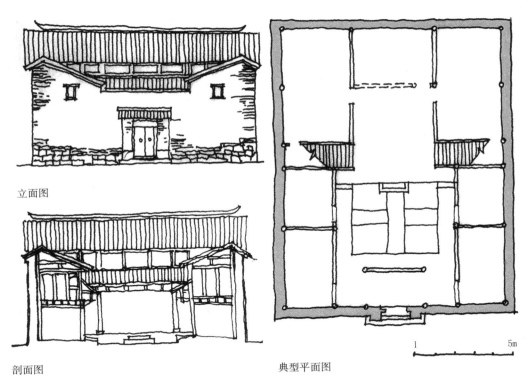

立面图

剖面图

典型平面图

图1-42 徽州民居

各异。山可以挡风，方便取柴烧火做饭取暖。水既方便饮用、洗涤，又可以灌溉农田。徽居的古村落，街道较窄，建筑间相互遮挡，形成阴影，有利于夏季户外活动。

徽州民居多为砖木结构的楼房，其重要特点是以天井为特点的四合院平面布局。建筑朝向以东或东南向为主，充分利用自然日照，并顺应当地主导风向，以利于室内自然通风。建筑的入口处多为天井，建筑的主要使用空间围绕天井，利用天井采光。光线通过二次折射，减少了眩光。天井在夏季能为建筑遮阳，还有收集雨水的作用，冬暖夏凉，是古代的天然空调。

建筑布局一般是正屋面阔三间，中间是起居室功能的堂屋，前向天井，完全开敞，狭高的天井起着拔风的作用。两侧为卧室，连接厢房。卧室一般向外墙都不开窗，但均有开向天井一面的花窗，既满足防盗安全的需要，又能减少通过窗散失热量（图1-42）。

### 4. 火炕和火墙

火炕是北方民居中常见的一种取暖设备，且兼有坐卧起居功能。由于中国北方的冬季寒冷而漫长，流行于南方的床无法抵挡冬天的寒冷，东北的人民就发明火炕作为取暖设施（图1-43）。在中国，过去黄河以北及黄土高原等广大地区都睡火

图1-43 东北民居有炕的起居空间

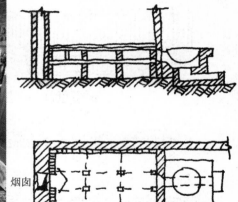

图1-44 炕的平面图和剖面图

炕。火炕可以很大程度上提高室温，所谓"炕热屋子暖"。

火炕一般宽约1.7~2.3m左右，长可随居室长度而定，多为砖石及黏土结构，其内是用砖建有炕间墙，炕间墙中有烟道，上面覆盖有比较平整的石板，石板上面覆盖以泥摸平，泥干后上铺炕席就可以使用。

火炕有灶口和烟口，灶口是用来烧柴，烧柴产生的烟和热气通过炕间墙时烘热上面的石板，使炕收集热量。烟最后从火炕烟口通过烟囱排出室外。在中国北方一般炕的灶口与灶台相连，这样就可利用做饭烧柴使火炕发热，不必再单独烧炕（图1-44）。

东北的火炕通常还要和火墙组合，也就是说火炕和火墙连接在一起，达到充分利用烟气的目的。火墙由炉膛、火墙体和烟囱三部分构成。炉膛可设于火墙体内，也可紧贴火墙体设置，形成连墙炉灶。火墙体中设曲回烟道，常砌成厚1.25砖、高1.5~2.0m、长2.0~2.5m的空心短墙。墙内可砌成竖洞、横洞、独洞、花洞等多种形式的烟道。热烟气在墙内流程长，则蓄热时间长，热效率高，散热均匀。烟囱是火墙的排烟通道，应有足够的高度。火墙的炉灶可以做饭，热烟气则通过火墙体供暖。火墙大多兼作隔墙，但不能作承重墙（图1-45）。

火炕和火墙的优点是修砌容易，造价低廉，冬暖夏凉，大大提高了室内的热舒适度。

图1-45 火墙构造

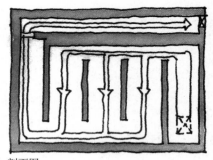

剖面图

平面图

# 第二章
# 能量
ENERGY

起初神创造天地。神说，要有光，就有了光。

——《圣经：创世纪》

今天我们经常讲节能，可到底什么是能量呢？它从哪里来？有多少种类型？哪些需要节约和为什么要节约及通过何种方式进行节约？本章就先来谈谈这些问题，使读者对能量和节能等基本概念获得一个明确的认识。

## 第一节　基本概念 Basic Conceptions

地球上的一切能量均来自太阳，太阳能射入地球和地表后转换为各种形式积存起来。和太阳辐射的总能量相比，这些能量微乎其微（图2-1），因此，太阳能的获取和利用是能源界未来发展的主要目标。

·能量（Energy）表示功、功效和热。能量既不会增加也不会减少，它们只会从一种形式向另一种形式转化。例如燃料的能量转化成空间取暖的热。

·能耗（Energy Consumption）指一种为满足某一个目的能量的形式转换。取暖能耗就是一幢建筑取暖所需要的能量。在能量链内分初级能量、次级能量、能和功。

·初级能量（Primary Energy）是指潜在的可再生能量和存储在自然界的原材料中的化石能（Fossil Energy，阳光、石油、天然气、煤、铀）。初级能量通过转换过程——这个过程需要消耗能量——变成次级能量（Secondary

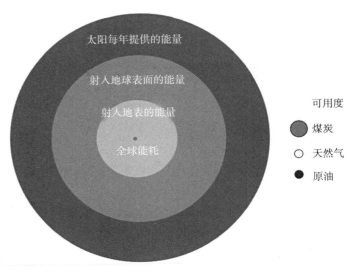

图2-1　全球年能量来源和能耗关系

Energy），如煤炭产品、石油产品、天然气产品、电厂里的
电、远程热等。次级能量最终传输到用户端仍然需要消耗能
量，作为终级能量（End Energy）用于空间制冷和取暖、照
明及做功（图2-2）。

化石能的利用如石油、地下天然气、煤会对地球的生
态系统造成影响和破坏。使用化石能会释放二氧化碳，加重
温室效应。二氧化碳是通过使用化石能和燃烧含碳物质产生
的，或者通过物质转换过程产生。在大气中二氧化碳促使
温室效应产生，通过物质转换会在呼吸时排出二氧化碳。
空气中二氧化碳含量过高，会使人感觉空气质量很低，这
时要通风。

·可再生能源（Renewable Energy，Regenerative
Energy）是从其使用不会破坏地球生态系统的资源得到的。
可再生能源包括太阳能、风能、地热和可持续的生物质；可
再生能源与化石能和核能相对。

·核能（Nuclear Energy）即原子能，是从原子核分裂
和合成产生的。由于在可预知时间内技术发展的局限，原子
核合成不能对能源提供产生更大贡献，而原子核分裂生成能
量的风险极大，其核废料具有有害的放射性。此外核分裂要
用到铀，来源受到地球资源局限。

·灰色能（Grey Energy）是指建造建筑物必须的初级能
量，包括制造和获得材料需要的能量，生产和加工建筑构件
需要的能量，用于运送人力、机械和建筑构件及材料需要的

图2-2　能量的种类

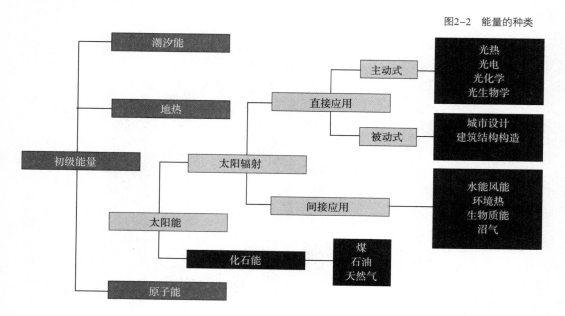

28

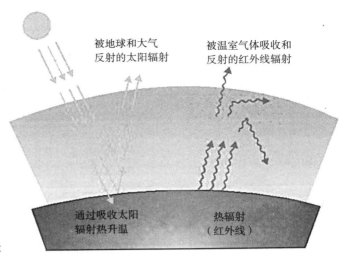

被地球和大气
反射的太阳辐射

被温室气体吸收和
反射的红外线辐射

通过吸收太阳
辐射热升温

热辐射
（红外线）

图2-3　温室效应示意

能量，建筑内部构件建造安装需要的能量。可以通过利用当地建筑材料和合理的建筑方式降低灰色能。

·温室效应

温室效应（Greenhouse Effect）是大气保温效应的俗称。不同的材料对长波和短波的传送不同，例如在建筑物中，短波的光线会通过大面积的玻璃窗进入室内并被吸收，而作为长波的热被放射出来；长波的照射会被玻璃窗反射回去，使建筑获得太阳能或使建筑过热。

在大气中积聚的气体如二氧化碳、甲烷、一氧化氮会使空气变暖，原因是它们吸收地表放射的长波（图2-3）。自工业革命以来，人类向大气中排入的二氧化碳等吸热性强的温室气体逐年增加，大气的温室效应也随之增强，已引起全球气候变暖等一系列严重问题。因此对碳排放的控制是衡量建筑和城市可持续发展的重要指标。

## 第二节　建筑与能量 Architecture and Energy

建筑与我们的生活和工作息息相关，居住在城市中的人一生中大部分时间都在建筑中度过，建筑的舒适度对我们来说十分重要，而要实现舒适度，势必要用到能量。在能量价格不断上涨和环境日益恶化的今天，建筑节能涉及每个人的切身利益。

建筑节能的目标是资源保护和环境保护，除了节约使用

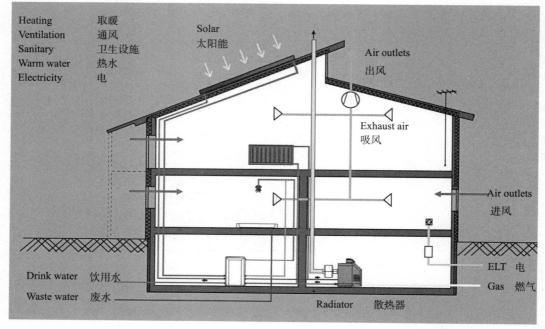

| Heating | 取暖 |
| Ventilation | 通风 |
| Sanitary | 卫生设施 |
| Warm water | 热水 |
| Electricity | 电 |

Solar 太阳能

Air outlets 出风

Exhaust air 吸风

Air outlets 进风

ELT 电

Gas 燃气

Drink water 饮用水

Waste water 废水

Radiator 散热器

图2-4　基本的建筑技术设备

能量以外，要合理使用能量，寻找可替代能源，使用可再生能源。可以说，建筑中的每个部位都会涉及建造所投入的能量及使用过程中所消耗的能量，建筑节能的总体原则体现在三个大的方面，即使用可再生建筑原材料，尽量减少技术设备的使用，技术元素应和建筑相结合。

建筑是为人所用的，所以要满足使用者对舒适度的要求，而要实现建筑舒适度（关于什么是舒适度及其标准稍后讨论），一定要考虑建筑的取暖（冷及寒冷地区）、通风（所有的建筑）、卫生设施、热水供应和电力供应并对所有这些最基本的项目进行合理的设计（图2-4）。现代建筑中还涉及智能控制、远程控制等，这将是未来建筑节能发展中极其重要的环节。

## 第三节　太阳能 Solar Energy

太阳能是太阳辐射所释放的能量，可以通过技术手段以电能、热能和化学能的形式被利用。太阳能利用可分为主动式应用和被动式应用，主动式应用的形式如下：

· 通过太阳能集热器利用光热
· 通过光伏作用发电（直流电）

·太阳能热力站（借助热力和水蒸汽发电）

·太阳能风塔（利用温室效应产生的热空气再通过高塔的烟囱效应高速上升形成的风力发电）

被动式应用的形式如下：

·植物及植物垃圾经过加工后产生液态燃料，如乙醇或植物油及沼气

·风电站或水电站

·建筑中的太阳能被动式利用

## 一、太阳能光热利用 Solar Thermal Energy Utilisation

### 1. 发展历史 Development History

太阳能光热的利用自古以来就为人所知，如利用凸镜或凹面反光镜聚集光线可以致燃。古希腊数学家和发明家阿基米德（公元前285—公元前212年）就曾用凹面反光镜聚集光热的原理烧毁罗马人的战舰。18世纪瑞士自然研究者奥拉斯-贝内迪克特·德索叙尔（Horace-Bénédict de Saussure）发明了今天太阳能集热器的雏形，他造了一个有黑底和玻璃盖板的木盒子，通过这个简单的热量收集器可以获得87℃的温度。19世纪中期法国人奥古斯丁·毛修（Augustin Mouchot）用凸镜改进了这个装置，并在1878年的巴黎世博会上展示了他的太阳能蒸汽机。

1891年美国人克拉伦斯·坎普（Clarence M. Kemp）发明的太阳能集热器稍加改善即以"Climax Solar Water Heater"的品名投入了生产并销售，可以算作第一个太阳能集热器的发明；而1902年美国人弗兰克·瓦尔克（Frank Walker）的发明则将太阳能集热器与传统的建筑取暖结合起来（图2-5）。从他的专利发明系统图中可以看出，太阳能集热器由一个黑色的金属圆柱形水罐和一个加玻璃盖的木盒子组成，盒子底部装有金属反光镜以提高热效率。这个集热器应该是安装在屋面的某个向阳部位的（解决了集热器自身的保温问题且考虑屋顶的建筑效果），并且与室内的热水使用装置相连。

将太阳能集热器的集热和储热功能分离是太阳能集热器用于住宅的关键，因为如果不是这样，夜晚以及其他没有阳光的时刻将没有热水使用。美国人贝雷（W.J.Bailey）在1902年就提出了这个改进方案，但经过了若干年后才被市场

图2-5 瓦尔克太阳能集热器取暖装置系统专利，1902年

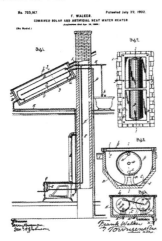

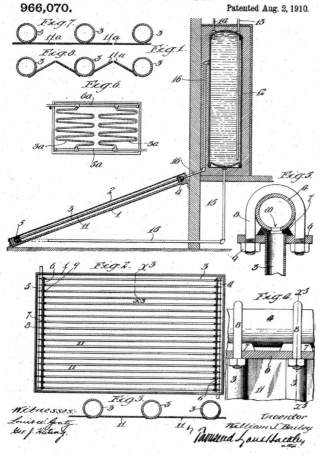

图2-6 贝雷的太阳能集热器专利，
1910年

和用户接受。

图2-6是贝雷1910年申请的专利，是和目前最常用的平板集热器原理一致的。需要加热的水在一个连接存储器和集热器的管道里循环，动力来自于由温差产生的热吸力。集热器的吸热部分由直径1.9cm的铜管做成，固定于铜背板上，其起始端和终止端分别连接于通向存储器的管道，集热器的面积约5m²，是一个有玻璃盖板的木制盒子。"日夜太阳能热水器"在南加州的每年九个月里所加热的水温平均超过60℃。

## 2. 分类及介绍 Classification and Introduction

现代太阳能集热器分为平板集热器、真空管集热器和空气集热器。

·平板集热器

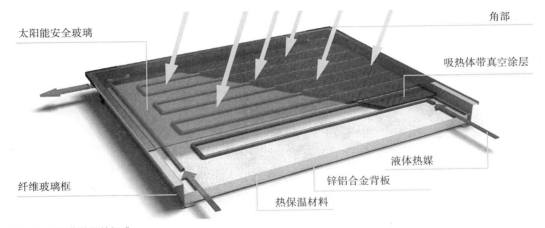

太阳能安全玻璃

角部

吸热体带真空涂层

液体热媒

锌铝合金背板

纤维玻璃框

热保温材料

图2-7 平板集热器的组成

图2-8 安装在屋面上的平板集热器

平板集热器是目前使用最为广泛的太阳能集热器，标准产品表面积约2～2.5m²。平板集热器由一个吸热体（通常是铝片或铜片）、一块保护板（透明的盖板）和一个边框组成。吸热金属片有蓝色或黑色镀层。有选择性镀层的吸热体其吸热率可达95%。吸热体的下方是热媒导管，通常呈蛇形盘绕。盖板是硬化的太阳能安全玻璃，可防冰雹，有较高的透光率，目前的透光率平均水平在90%～92%。边框材料可以是铝合金、合成材料、不锈钢和镀锌铁板等，少量也用木材。背板贴有保温层，通常采用矿棉（图2-7）。

平板集热器的工作原理很简单：阳光射入玻璃盖板，由吸热体吸收，转化为热能再传导给热媒，通过热媒循环流动带走供暖或热水所需的热量（图2-8）。

· 真空管集热器

真空管集热器的主要部分是由真空包围的两层玻璃管，其构造如保温瓶的两层瓶胆。吸热体可以做得不同，如一种是将吸热镀层涂在内层玻璃管向外的一面，有三层不同的真空金属涂层，其厚度需严格控制。而如果其中一层含铜，则会提高其吸热效率（图2-9）。

　　根据工作原理的不同，真空管集热器可以分成直流式真空管和热管原理真空管。直流式真空管在真空管内有一层吸热金属，其下固定U形铜质热媒管。热媒直接流过吸热体，带走热量（图2-10）。热管原理真空管即非直流式热管，热媒管固定于内胆内，利用热管原理工作（Heat Pipe Principle）。在这种真空管里，吸热体背部的热管内的热媒是封闭循环的。在极少的阳光照射下热媒（酒精或低压水）就会蒸发上升，在管子的上端冷凝，与同样是封闭的集热循环系统进行热交换后液化再流回到底部，重新进行吸热，如此循环往复。由于热管内的热媒与位于顶部的循环热媒并不连通，所以当单个真空管出现故障时，可独立拆除替换，而不影响整个系统工作，但热管原理真空管的放置角度需至少30°（图2-11）。

　　真空管集热器由于利用真空降低热损失，通过真空管集热器可以得到较高的温度，且在低温情况下热效率要高于平板集热器，直至-30℃仍可以工作，但要根据所使用的热媒采取不同的防冻措施。

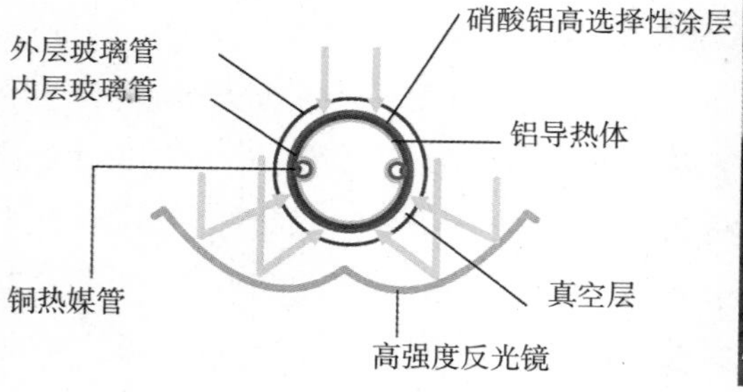

图2-9　真空管集热器及原理剖面图

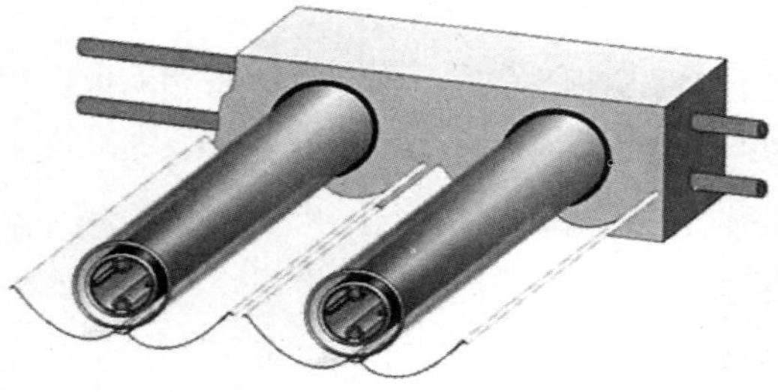

外层玻璃管　　　　　　　　　硝酸铝高选择性涂层
内层玻璃管

铝导热体

铜热媒管　　　　　　　　　　真空层

高强度反光镜

图2-10　直流式真空管

图2-11　热管原理真空管

·空气集热器

空气集热器类似于平板集热器，但不同的是它采用的热媒是空气。由于空气的热质较低，所以空气集热器不能用于热水加热而是直接用于建筑取暖。它的优点是不怕霜冻，对密闭性的要求也不高（图2-12）。

空气集热器的原理是在一块金属吸热体下设置回形通道，一端吸入的室外冷空气经过晒热的金属板空腔被加热后从位于另一端的出口进入室内。背部的保温层和正面的保护玻璃盖板均类似于平板集热器（图2-13）。

空气集热器用于通过空气系统进行取暖的建筑空间，如大厅或办公室、室内游泳池的大空间，或带有可调控进出风系统的低能耗住宅建筑。对于空气取暖系统则可作为太阳能辅助装置使用。

图2-12　空气集热器

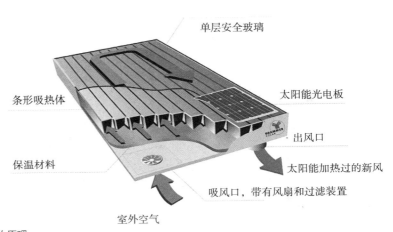

单层安全玻璃

条形吸热体

太阳能光电板

保温材料

出风口

太阳能加热过的新风

吸风口，带有风扇和过滤装置

室外空气

图2-13　空气集热器工作原理

标准化的空气集热器约1.5m²，较大的可达20m²。有些空气集热器也可以和太阳能电池板结合用于季节性使用的建筑如度假屋，可以进行空气调节。

### 3. 太阳能集热器的建筑应用及对建筑设计的影响 Solar Collector in Architecture and Its Influence on Architectral Design

太阳能集热器用于建筑的主要目的是热水供应（平板集热器、真空管集热器），其次是辅助取暖和制冷（平板集热器、真空管集热器），用于通风系统（空气集热器）等。

太阳能集热器都要朝向太阳，且集热器之间不能相互遮挡，所以只能出现在建筑的屋顶、南立面或东南及西南立面上。作为一个独立于建筑的系统，最简单的做法是将太阳能集热器简单安装固定于屋面上或镶嵌于屋面内（斜屋面），或搁置于屋面上（平屋面，图2-14和图2-15）。平板集热器由于受太阳入射角的限制，最好呈坡度摆放，最适合安装于朝南的坡屋面上（图2-16），也可以安放在倾斜的南立面上（图2-17）。真空管集热器可以不受太阳入射角的限制，可以直接安装在垂直的立面上（图2-18和图2-19），或作为建筑立面上的构件，同时具有如阳台栏板等建筑功能（图2-20）。

随着产品技术的拓展与改善，将节能措施与建筑外观及使用总体结合起来进行整合设计处理（Integrated Design）的可能性也得到了拓展。图2-21展示了一种由科研及工业领域合作共同研究出的多功能立面太阳能系统（IBK，斯图加特大学结构所），通过使用真空管集热器可以收集光热，达到较高温度的热转化，同时因为它是半透明的，可以为室内

图2-14　搁置于平屋面上的真空管集热器

图2-15　搁置于平屋面上的平板集热器

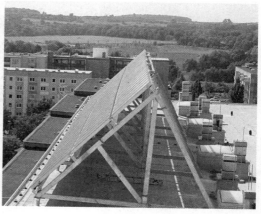

图2-16 汉堡布拉姆菲尔德生态小区

图2-17 DSG研究院，德国，罗滕堡

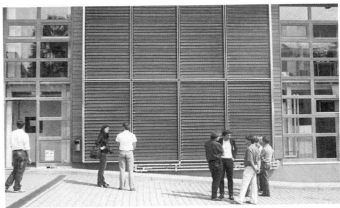

图2-18 维根豪森住宅，德国，弗里德 图2-19 利特公司的测试用真空管集热器幕墙，德国，朗根巴赫
里希港

图2-20 住宅，瑞士，厄姆顿

图2-21 作为立面遮阳百叶使用的真空管集热
器，外观、构件断面及室内效果

提供较为均匀的自然光线，并且还为建筑提供遮阳且不阻隔室内外视线。这套立面太阳能系统可以全年产生超过80℃的水温，用于建筑热水及取暖和制冷，可以模块化定制，适用于立面玻璃面积比例较高的办公管理或其他功能建筑，同时也是立面造型设计的一种工具。

空气集热器可以安装在朝南的立面上，同时也是参与立面造型的一个元素。建于瑞士温特图尔的集合住宅（2000年）建筑面积892m²，在朝南的主立面上安装了59m²的太阳能空气集热器，全年共计产能11 000kWh（186kWh/m²），其中50%用于热水供应，35%则用于取暖辅助（图2–22～图2–25）。

在另一个位于德国乌滕韦勒的住宅改造项目中，建筑师将建筑南侧和西侧基座以上的立面及屋面作为一个空气集热器的整体进行处理，得到了令人满意的效果。在原有的砖墙或混凝土墙体上用木质下部结构进行保温处理，利用灰黑色隔汽层作为空气集热器的吸热体，其吸热率可达90%。其上采用木龙骨固定玻璃盖板，气流由建筑下部的进气口进入，可以直接通向屋脊横向的收集管道，再进入空气热水交换器供应建筑热水，如果还有余热将进入建筑室内辅助供暖。这个空气集热器的结构类似于背部架空的幕墙立面。屋脊部分设有可开启部位，用于释放夏季收集的过多余热（图2–27）。

图2–22　集合住宅，立面采用空气集热器的一体化造型，瑞士，温特图尔

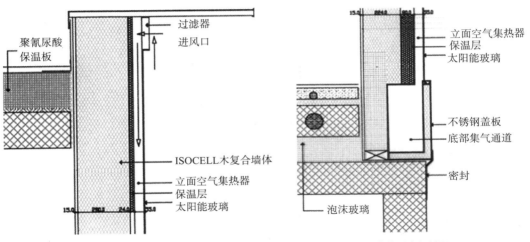

图2-23 立面空气集热器顶部剖面　　　　　图2-24 立面空气集热器底部剖面

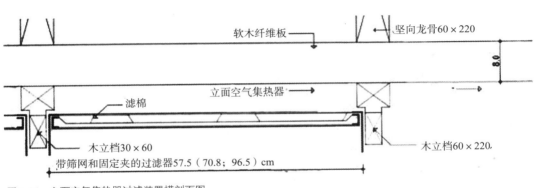

图2-25 立面空气集热器过滤装置横剖面图

图2-26 老住宅改造，立面和屋面同时采用空气集热器的一体化造型，德国，乌滕韦勒

图2-27 老住宅改造，屋脊处的集气横管，德国，乌滕韦勒

## 二、太阳能光电应用 Photovoltaics

太阳能应用的另一个重要方面是光电应用（Photovoltaics）。1839年法国物理学家阿列克桑德拉·埃德蒙德·贝克勒（Alexandre Edmond Bequerel）发现光电效应。1954年第一批硅晶片投入生产，其光电转化率仅有4%。20世纪50年代末硅晶片用于卫星技术，六七十年代由于航空航天领域的需求光伏技术才得以继续发展，而70年代的石油危机及人们对环境恶化的觉醒意识才真正推动了光伏技术的发展，于是太阳能光电板出现在许多建筑的屋顶上、停车计费器上及靠近城市的空地上。2013年全世界安装的太阳能光电板产能约160TWh，涵盖全世界年用电需求的0.85%，在欧洲所安装的光伏板产能则达到其年用电需求的3%，而位于南部欧洲的一些国家则更高，如意大利可达到7.8%。目前太阳能光伏板的产能效率可以达到20%以上，一种美国研制的浓缩晶片（CPV）的实验室产能值甚至可达40%。

### 1. 太阳能光伏板的工作原理、构造及种类 Principles, Construction and Classification of Photovoltaics

太阳能光伏板将光能直接转化为电能（图2-28）。Photovoltaics，简写为PV，源于希腊词的photo（光）和volta（伏特，电压的单位）。太阳能光伏板由多个连在一起的太阳能芯片组成，转化成的电能通过一个变压器直接使用或进入电网。太阳能光伏板的表面是一层保护材料，需能够防止机械损伤及风化锈蚀等。

太阳能芯片的种类按照所使用的半导体材料分，如单晶硅、多晶硅、变形硅、碲化镉、铜铟镓二硒，使用最广的是

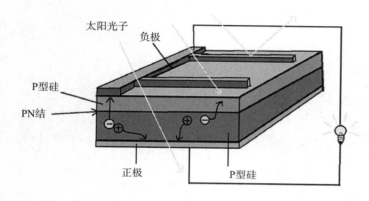

图2-28 光电效应原理

图2-29 单晶硅芯片

图2-30 多晶硅芯片

硅晶片。不同系统的太阳能光伏板的构造方式不同：硅晶芯片的前后均有盖板，可以是玻璃、有机玻璃或薄膜；薄膜芯片的背板通常是玻璃或金属，而面板是玻璃或薄膜。所有这些不同的材料通过合成材料密封。

太阳能芯片单元之间的最小间距为2～5mm，但可以根据需要调节，如需要提高板的透光性时其间距可以变大，为太阳能光电板在建筑中的整合应用提供了可能，如作为玻璃立面或玻璃顶。

·硅晶芯片

标准硅晶芯片的颜色是深蓝甚至偏黑色，但可以根据涂层的厚度不同得到浅蓝色、湖蓝色、金色、紫色或红褐色等，代价是产能率会降低（图2-29和图2-30）。

·薄膜芯片

生产薄膜芯片的原材料不同。自动化程序中由气态的变形硅或其他的半导体材料如铜铟镓二硒或碲化镉直接镀到玻璃或金属薄膜上，如此产生的芯片很薄，可以卷曲或折叠（图2-31）。所以目前还有所谓的"太阳能屋面卷材"，既可以利用太阳能发电，还有屋面防水密封功能。

薄膜芯片是比较新的太阳能光伏产品，研发的空间还很大，其主要优点是处理消耗较低，因此经济性较高，并且和硅晶芯片相比在较差的光环境下或温度较高时产能率相对要高。基于所应用的半导体材料的不同，薄膜芯片可以得到黑色、红褐色和暗绿色等视觉效果较好的产品。但它的缺点是能效随着时间衰减较快，另外，总体产能率低于其他类型的光伏产品，所以同等能量需求下薄膜芯片需要的面积较大。

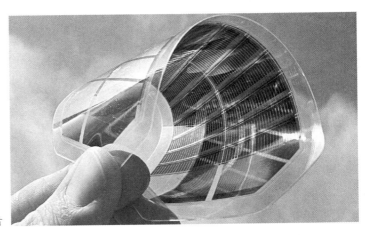

图2-31 薄膜芯片

## 2. 太阳能光伏板的建筑应用 Photovoltaics in Architecture

·用于屋面

由于屋面上所受的遮挡最少，并且有足够的面积，所以也是建筑中最适合安装太阳能光伏板的位置。

目前已经有的将太阳能光伏板组合起来的产品有太阳能光伏板瓦（砖）、太阳能光伏板屋面砖、太阳能光伏遮阳系统等。太阳能光伏板可以被安装在屋面上，也可以与屋面相结合，成为具有发电功能的屋面的一个部分。在已有建筑的平屋面上安装太阳能光伏板相对灵活便利，所增加的荷载对建筑结构基本没有影响，光伏板的安放角度可以根据地理位置做到最优化，而新建建筑则更容易和建筑的形象结合起来，如通过金属檩条安装，和玻璃采光顶相结合，玻璃顶、采光天窗及立面上的挑檐无论其形式如何均可以与太阳能光伏板结合起来。柏林火车总站拱形玻璃顶上的圆弧玻璃上定制安装了1 870m²的太阳能光伏片，共有780片，其尺寸各不相同（图2–32）。太阳能光伏板还可以与屋顶绿化相结合（图2–33），与屋面防水材料组合（使用太阳能薄膜芯片，图2–34）或利用太阳能光伏板进行遮阳（图2–35）等。

·用于立面

虽然在垂直方向上放置光伏板会影响其产能效率，但无遮挡的南或西南立面上还是相对适合与太阳能光伏构件相结合。

是否在立面上安装太阳能构件，取决于可安装的面积大小、类型及朝向。太阳能构件一方面可以作为立面上的遮阳构件使用（图2–36），另一方面可以将薄膜芯片直接镀在隔绝玻璃上作为建筑的外围护结构使用（图2–37），薄膜芯片的间距决定了玻璃立面的透明度（图2–38和图2–39）。

图2–32　柏林火车总站，太阳能光伏板与拱形玻璃顶结合

图2–33　太阳能光伏版与屋顶绿化相结合

图2-34　与屋顶防水层相结合的太阳能薄膜芯片

图2-35　奥地利路德施（Ludesch）镇中心建筑，前广场的玻璃顶上的太阳能光伏板同时起到遮阳作用

图2-36　维也纳阿斯彭（Aspern）IQ科技中心，太阳能光伏板同时作为立面的遮阳构件

图2-37　慕尼黑纽贺堡（Neuherberg）街道幼儿园，太阳能光伏板作为建筑的外围护结构立面

图2-38　德国尼斯得塔尔太阳能科学院，立面的隔绝玻璃与太阳能薄膜芯片相结合

图2-39  德国尼斯得塔尔太阳能科学院，室内的遮阳效果

　　利用立面进行太阳能光伏构件的组合设计既可用于新建建筑也适用于现有建筑的立面改造，尤其是框架结构建筑的幕墙立面上更容易实施。位于德国杜伊斯堡的蒂森克鲁伯热分离大厅，在原有彩钢板立面上使用深蓝色的太阳能薄膜镀层，与绿色的金属漆交互配合，形成生动的立面效果（图2-40）。另外，在较大面积的墙面如防火墙等安装，功效也较高（图2-41）。相比之下，如窗间墙、护窗板、推拉门、外走廊或挑檐等零星部位也可利用，但更需要细致的设计。

图2-40  蒂森克鲁伯热分离大厅，在彩钢板立面上使用太阳能薄膜镀层，德国，杜伊斯堡

图2-41  维也纳零能耗酒店斯塔德霍尔（Stadthalle），太阳能光伏板安装在侧面的防火墙上

# 第四节 地热 Geothermy

人类很早以前就开始利用地热能，在古罗马时代利用地下热水取暖，近代建造了农作物温室，进行水产养殖及烘干谷物等。我国东北地区，冬季严寒，夏季气温舒适，但最热时白天气温仍可达三十几摄氏度，在没有电器设备的年代，人们在地里挖一个2~3m深的地窖，里面的温度冬暖夏凉，用于储存新鲜菜蔬，是一个不用耗电的天然"冰箱"。人类真正认识地热资源并进行较大规模的开发利用始于20世纪中叶，由于70年代的能源危机，以及人们对于环境保护重要性的认识日益提高，地热这项清洁能源的利用当然不容忽视，今天将地热用于建筑的取暖和制冷这项技术已经十分成熟。

## 一、基础 Basis

地热是存储在地表层（深达约100m）的太阳能，太阳属于可再生能源。大地深处的地热来自于地球内部，从地表向下深度约10m的土层温度主要是受季节影响，从15m往下则是常年恒温的。土地的热值很大，因此，近地表的土壤温度变化相对于外部环境有滞后性（图2-42），这就为利用地热为建筑取暖和制冷提供了前提。

## 二、土壤 Soil

是否利用地热，还在很大程度上取决于地基的土质和地下

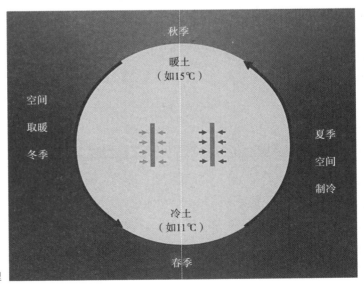

图2-42 地热利用原理

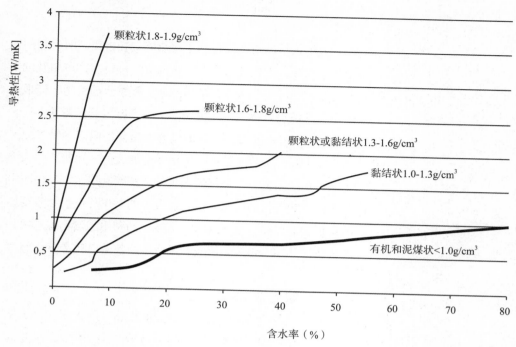

図2-43 土质、含水率与导热性关系

水状况。大地的导热性越好，地热交换器的功效越高。颗粒状的土壤密度在1.8~1.9g/cm²的土壤随着含水率的提高其导热性能最佳，即便在含水率较低的情况下其导热性能也相对较好，而相比之下，密度较低、颗粒较含糊的有机质土或泥煤状土的热传导性即便提高其含水率也很难得以改善（图2-43）。另外，土壤的吸热能力也与其参与地热交换的时间长短有关系。当使用的年时长延长，其吸热能力也会相应降低，因此土壤必须根据实际情况得到足够的"休息"（见下表）。

| 基层土 | 吸热能力 | |
|---|---|---|
| | 1 800h | 2 400h |
| 干燥的，非黏结土 | 10W/m² | 8W/m² |
| 潮湿的，黏结土 | 20~30W/m² | 16~24W/m² |
| 水量饱和的沙土/砾石 | 40W/m² | 32W/m² |

## 三、地热交换系统 Geothermal Exchange Systems

地热交换系统，即要完成地热交换所需要的所有装置连在一起，形成一个系统，共同把地里储存的热能转化为建筑空间取暖、制冷和热水供应所需要的能量。总体来说，首先

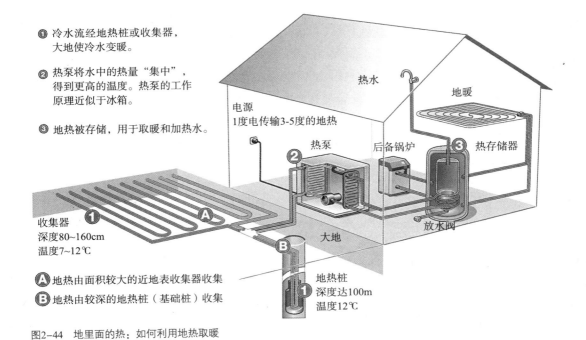

① 冷水流经地热桩或收集器，大地使冷水变暖。

② 热泵将水中的热量"集中"，得到更高的温度。热泵的工作原理近似于冰箱。

③ 地热被存储，用于取暖和加热水。

热水

地暖

电源
1度电传输3-5度的地热

热泵
后备锅炉
③ 热存储器

收集器
深度80~160cm
温度7~12℃

大地
放水阀

Ⓐ 地热由面积较大的近地表收集器收集
Ⓑ 地热由较深的地热桩（基础桩）收集

地热桩
深度达100m
温度12℃

图2-44 地里面的热：如何利用地热取暖

需要热质：混凝土——埋在地底下的和露在建筑使用空间里的，水——将热量从地里带到建筑内部，一个封闭的管道以便水在里面循环流动。由于土壤和外界的温差相对较小，所以往往还需要一个热泵，它将热量集聚起来产生较高的温度或转化为"冷"。这样，这种取暖和制冷技术就可以用于建筑中了（图2-44）。当然，水和混凝土是目前所使用的媒介，也可以采用其他性质相似的物质。

### 1. 地热桩 Geothermal Stake

一个深入到地下的桩，如果它同时还具有进行地热交换的功能，我们就把它称作地热桩。通过地热桩可以采集地热，利用地热为建筑供暖或制冷。地热桩是打入地下深度为30～150m的桩，里面有多个单个的管子或共轴的两个管子（图2-45～图2-48）。

· 地热探测桩 Earth sonde

地热探测桩独立于建筑的主体，在建筑附近合适的位置选择地点打桩，没有结构承载的作用，唯一的用途就是进行地热交换。地热探测桩的造价也相对较低，桩的深度、数量及间距均由能量需求决定。

实例：盖尔森供水局新管理大楼（德国，盖尔森基兴，

2002年，建筑师：Anin Jeromin Fitilidis & Partner）。在这个新管理大楼的建设中，水能源公司将太阳能和地热的利用作为重要的节能手段，总建筑面积7 114m²的办公建筑，其65%以上的能源来自上述两项。新大楼采用通透的玻璃立面，与原有建筑形成鲜明的对比。利用建筑周围的空地共打了36根地热桩，其深度为150m，总长度达5 400m，为建筑冬季供暖及夏季支持制冷（图2-49和图2-50）。

图2-45　地热桩内埋管的结构

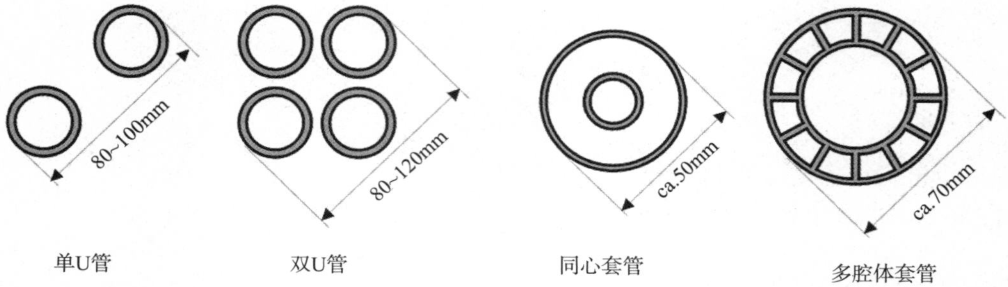

80~100mm

单U管

80~120mm

双U管

ca.50mm

同心套管

ca.70mm

多腔体套管

115mm

25mm

例如：
双U型管

填充物

填充管

孔壁

间隔板

图2-46　地热交换管和填充管 　　图2-47　地热交换管的植入 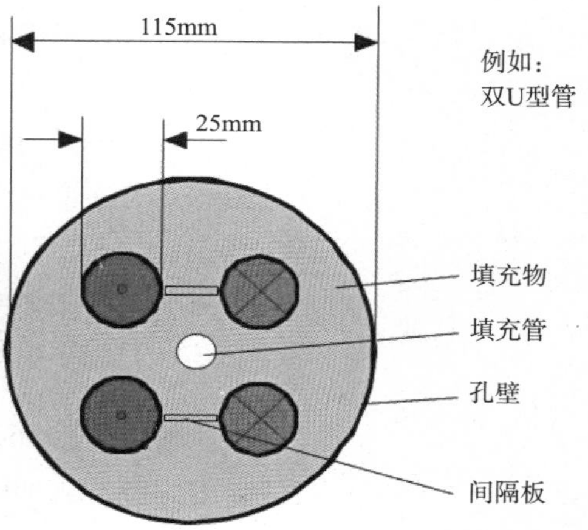　　图2-48　地热桩的交换管在近地面处汇集

图2-49 盖尔森供水局新管理大楼，2002年

地热桩顶部的收集井

位于建筑机房内的收集管

图2-50 盖尔森供水局新管理大楼，地热桩总平面图

图2-51 一根钢筋笼内做了地热交换排管结构承重桩

图2-52 汉堡森林之家，2012年

**地热基础桩 Energy Piles**

如果建筑需要打桩，则建筑的基础桩可作为地热桩利用。它们深入地下长达20~30m，用于热交换器是非常好的。热交换用的管子就固定在桩的钢筋笼上，然后浇灌混凝土（图2-51）。通常在打桩基的地方地下水的深度较高，大地的导热性极好。

由于地热基础桩直接利用建筑原本就有的结构，所以额外的费用增加极少，但深度和间距等要求必须首先符合建筑结构承载的需要。

实例一：汉堡森林之家（德国，汉堡，瓦尔德尔豪斯，建筑师：Andreas Heller Architects & Designers）。

汉堡森林之家是2012年建成的一幢多功能建筑，主要功能是展览、旅馆、饭店。基于生态和环保的出发点，建筑采用木结构，其能源绝大多数来自于可再生能源，除了屋顶上的太阳能光伏板之外，还通过96根地热桩结合热泵为建筑取暖和进行自然制冷（图2-52和图2-53）。

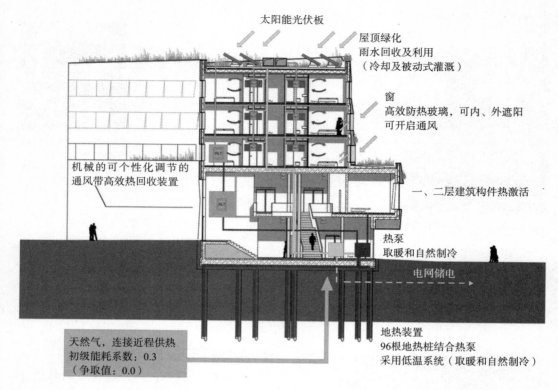

太阳能光伏板

屋顶绿化
雨水回收及利用
（冷却及被动式灌溉）

窗
高效防热玻璃，可内、外遮阳
可开启通风

一、二层建筑构件热激活

机械的可个性化调节的
通风带高效热回收装置

热泵
取暖和自然制冷

电网储电

天然气，连接近程供热
初级能耗系数：0.3
（争取值：0.0）

地热装置
96根地热桩结合热泵
采用低温系统（取暖和自然制冷）

图2-53 汉堡森林之家，节能设计措施

## 2. 近地表地热交换 Ground absorber

除了打桩和利用柱基以外，还可以利用其他埋在地下的、与大地接触的设施、构件等进行地热交换，其原理同样是利用土地的巨大热质及由此形成的温度滞后性。常用的近地表地热交换方式为通过热质较大的混凝土建造的地下空间用于热交换，如地道、地下进风通道等，近地表地热交换仅增加较低的造价。

实例二：墨尔本联邦广场项目（Federation Square，建筑师：Lab Architecture Studio，2002年）

这个项目位于墨尔本市中心，在历史建筑老火车站的街对面（图2-54）。整个基地位于铁轨的上方，需要较高的混凝土结构层，这个结构层就被设计成可被利用做近地表的热交换的设施。为增大空气与混凝土接触的面积，混凝土结构采用迂回的迷宫通道形状，墙与墙之间的间距为60cm（图2-55）。整个结构总覆盖面积为1 600m²，混凝土墙面的长度则达1.2km。夏季夜晚，室外的冷空气被泵入迷宫结构，同时白天积聚的热空气被泵出到室外，从而使混凝土温度下降。第二天，空气通过

图2-54　墨尔本联邦广场鸟瞰

图2-55　墨尔本联邦广场下的"迷宫"状混凝土被动热交换设施

图2-56　墨尔本联邦广场的中庭，沿街立面

隔夜变冷的混凝土被冷却后再进入到中庭建筑中（图2-56）。通过这个过程，可以使中庭内夏季的气温比室外气温低12℃，这是一个舒适的室内温度，而所需的能耗仅为传统空调能耗的1/10。冬季，这个过程反转过来，白天积聚的热空气被储存在混凝土中，白天再泵回到中庭中。

### 3. 混凝土核心激活 Concrete Core Activation

从大地里交换出来的热（冷）量还要传递到建筑的使用空间里去，那么对于这个用户终端还需要一个媒体：核心被激活的混凝土。打个比方来说，一般的混凝土是块没有活力的死疙瘩，通过在它的内部预埋内部有热媒的聚乙烯管子，里面的热媒可以根据需要流动，其温度可被调节，就像血管

51

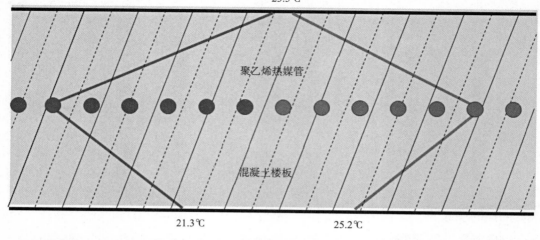

制冷状态                                                                                                    取暖状态

23.5℃

聚乙烯热媒管

混凝土楼板

21.3℃                                          25.2℃

| 17-18℃ | 20℃ | 22℃ | 24℃ | 26℃ | 28℃ |

图2-57  被激活的混凝土温度范围

里的血液，那么混凝土就被激活了，像一个生命体一样，有了自己的体温。由于混凝土的热质较大，它的温度可以影响并调节周围环境的温度，这样就达到了不用空调机进行空气调节的目的。它的一端是地热，而另一端完全没有机器的噪声，是一个舒适度极高的室内环境。

和传统的用电的空调机或空调系统相比，利用地热和混凝土核心激活的节能环保体系是一个调控温度范围相对较小的体系，主要原因是土壤和外界较小的温差。在系统封闭的管道内流动的热媒温度不会低于18℃及高于26℃（图2-57），而使用空间内的温度基本上在18℃（取暖季）～22℃（制冷季），这是与传统空调和暖气系统的区别。

同样是利用混凝土楼板作为热质，热媒管的铺放位置需要根据具体情况确定。图2-58分别表示了热媒管位于靠近上

图2-58  热媒管的工作能力与间距和铺设位置的关系

热媒管间距15cm                                          热媒管间距30cm

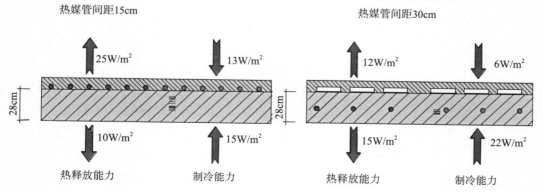

25W/m²            13W/m²          12W/m²          6W/m²

28cm                                28cm

10W/m²            15W/m²          15W/m²          22W/m²

热释放能力          制冷能力          热释放能力          制冷能力

图2-59　在浇混凝土
之前将热媒管植入楼
板结构

图2-60　安装在墙上（里）的毛细管垫

图2-61　安装在顶上的毛细管垫

部（地面的热交换功效较高）和位于中间（热交换更依赖天花板）的做法，并且热媒管的间距不同也会导致取暖和制冷的功效不同。

除了在混凝土内部预先铺设热媒管（图2-59），还可以将热媒管放置于空间内部。前者仅适用于新建建筑，后者也可用于老建筑的节能改造（图2-60和图2-61），由于不需要额外的表面装饰及安装所需要的下部结构，将热媒管直接植入混凝土楼板的方法造价是最低的（图2-62）。

是否使用混凝土核心激活系统需要根据建筑的具体情况确定，建筑功能、取暖和制冷需求、热媒管中热媒的流速、建筑在不同季节的温度处理计划、桩或热置换墙的排布、间距、尺寸、建造类型及其混凝土的性质、气候条件、土壤的物理属性、含水率、密度和孔隙的含量和热传导情况、缩涨情况、霜和露水都是需要考虑的因素。一个办公建筑需要同

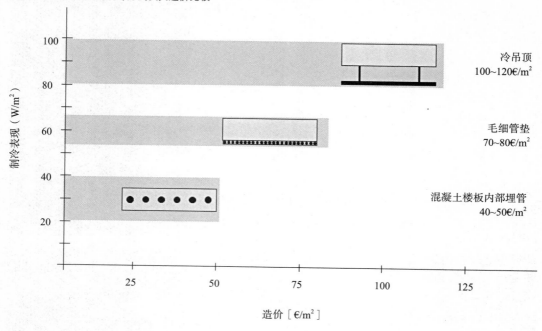

图2-62　不同方式的制冷方式及其造价比较

时考虑用户的个性化需求，而像图书馆这样的公共建筑则仅考虑一个均一的室内空气环境要求，带热泵的地热交换系统辅以混凝土核心激活同样是非常合适的。

　　如果系统指定温度可以满足室内环境所需温度，即便是有时需要小范围内的调整，混凝土核心激活体系也是可以满足需要的。地热——混凝土核心激活系统应对温度快速变化的需求反应较慢，因此对有此需要的空间，就需要一个空气调节辅助设备。混凝土核心激活如果仅在晚间开启的话，那么系统在白天的工作效率会逐渐降低。因此，多数情况下，系统需要连续开启。另一个限制是需要考虑土壤热置换的能力，如夏季制冷期需要使用有反转功能的热泵将"热"转换成"冷"，在之后的过渡季节土壤需要修复，但很可能修复期太短，那么在下个取暖季节仍然需要热泵的加入。

# 第三章
# 通风
VENTILATION

就像鱼离不开水一样，人也离不开空气，所以空气质量应该在人们的环境意识里找到固定的位置。通常人们趋向于忽视这样一个现实，那就是近乎90%的时间人们是在室内度过的，所以室内的空气环境质量对人的健康至关重要。19世纪以前的建筑都采用自然通风，即通过门窗通风。19世纪工业革命带来了新的生产方式及建筑形式，由于进深较大的办公建筑和密集的使用人群，而且人们对室内环境舒适度的要求不断提高，于是中央空调和通风系统应运而生。这种新的空气调节系统和传统建筑中的自然通风相比，可随时和轻易调控，使室内环境完全摆脱了外界自然环境的影响，所以世界各地争相仿效，这种中央空调系统得到了世界范围内的推广，并且经过几十年的使用实践，系统被不断改善。直至20世纪70年代的能源危机，建筑能耗被当做一个重要话题提出，占整个建筑能耗1/10以上的中央空调自然无法被忽视，耗电量大是中央空调系统致命的所在，于是人们重新审视空气调节的需求，探寻低能耗的空气调节（非中央）可能性及如何将舒适的自然通风最大化。本章就此领域内所发生的新变化及对建筑的设计产生的影响进行分析介绍。

## 第一节　空气质量与热舒适度 Air Quality and Thermal Comfort

影响室内空气质量的因素有很多，首先如果室外的空气质量差，那么这些空气会通过各种途径进入室内。即便是室外空气新鲜的话，并不等于室内的空气也新鲜。建筑会产生很多有害的辐射，使用不当的建筑材料、建筑室内的取暖装

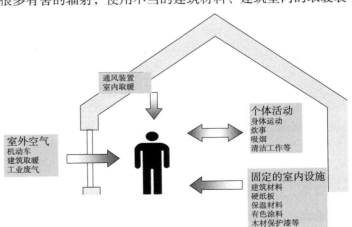

图3-1　室内空气污染源

置、个体的活动等均使室内空气质量降低（图3-1）。在人员密集的空间，人呼吸排放二氧化碳，产生湿气，衣物和人体均产生气味。在这样的空间里待久了，会使人产生头晕、气闷等不良反应，因此一定要通风（图3-2）。

丹麦科学家P.Ole Fahger于1988年提出了新的室内污染强度单位olf和空气品质单位decipol。1olf定义为一个"标准人"的污染散发量。"标准人"指一个在舒适环境工作，平均每天洗0.7～1次澡的健康成年人。也就是说，若室内其他污染源引起的不满意程度与一个"标准人"作为污染源所引起的不满意程度相同，则该污染源的污染强度为1olf，依此可推算出各种污染源的污染强度。例如，一个摆满了旧书的书架的污染强度为3olf，等同于3个"标准人"散发的污染量（图3-3）。下面列出了一些基本的污染源值。

| 坐着的人 | 1olf |
| --- | --- |
| 一般的吸烟者 | 6olf |
| 正在吸烟的人 | 25olf |
| 大理石 | $0.01olf/m^2$ |
| PVC塑料 | $0.2olf/m^2$ |
| 地毯 | $0.2～0.4olf/m^2$ |

图3-2　人员密集空间内二氧化碳、湿气和气味严重影响空气质量

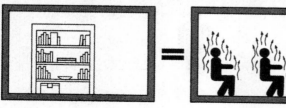

图3-3　污染源的强度可以用olf表示

decipol 用来定量被感知的空气品质，数值越高，空气的污染程度越大。1decipol 表示一个标准人产生的污染（1olf）经10L/s未污染空气通风稀释后的空气品质，即1decipol=1olf/10L/s=0.1olf/（L/s）。山上或海边的空气质量为0.01decipol，健康城市里的室外空气质量为0.1decipol，有轻度污染的城市空气质量为0.3~0.5decipol，健康建筑的decipol值应为1，decipol值为1.4还勉强可以接受，如果decipol值为10，那么这个建筑就是病态建筑（sick building）。

另外一个对于被感知的空气质量影响极大的因素为空气湿度，而人对于湿度的感知又与室外空气的温度有关。当温度较低时，室内空气湿度也较低，人们对室外新鲜空气的需求量主要取决于空气中二氧化碳的浓度，而随着温度升高，则空气湿度越大，越需要通风（图3-4）。

建筑中产生湿气的来源有多种，如由于天气和温度变化产生的建筑湿气，室内植物释放的湿气，人体蒸发产生的湿气，人从事炊事、沐浴等活动产生的湿气等（图3-5）。即

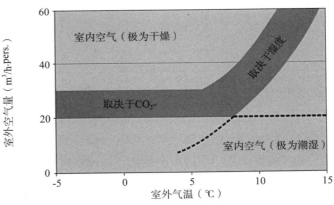

图3-4 人对新鲜空气的需求与湿度的关系

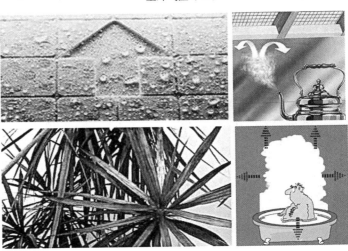

图3-5 建筑湿气的来源

便是建筑中没有人活动，建筑中由于这些湿气的存在也需要定期通风，否则会造成诸如长霉、墙体剥落等建筑损伤（图3-6）。而建筑中的霉菌不管是否可见，都会对使用者的健康造成负面影响。

建筑根据不同使用功能有不同的空气交换值，原则是用户量越大，用户对空间的使用频率越高及活动量越大，建筑的空气交换值越高，如下表。

| 住宅 | $0.7h^{-1}$ |
|------|------|
| 办公建筑 | $1\sim1.5h^{-1}$ |
| 学校教室 | $4\sim5h^{-1}$ |
| 学校的体育活动室 | $2\sim3h^{-1}$ |

在不同的使用空间，空气交换量也可以按照使用者的数量计算，如下表。

| 起居室 | $30m^3/h \cdot$ 人 |
|------|------|
| 厨房 | $40\sim60m^3/h \cdot$ 人 |
| 浴室、卫生间 | $20\sim40m^3/h \cdot$ 人 |
| 办公室 | $40m^3/h \cdot$ 人 |
| 办公室（吸烟者） | $60m^3/h \cdot$ 人 |
| 报告厅 | $30m^3/h \cdot$ 人 |

影响建筑室内环境舒适度的因素很多，包括室内热工的因素，如室内空气温度、室内表面温度、空气湿度、气流速度和空气质量等，还包括声学的因素，如环境噪声的尖锐度、噪声的衰减及空间的声学性能（如回响时间、吸声率等），也包括视觉因素，如自然光线、人工照明状况，

图3-6　建筑湿气造成的建筑损坏

是否有眩光，材料的质感和颜色、造型等。除此之外，每个使用者的个性化需求不一样，对环境感知的敏感度也不尽相同，甚至还有很多心理学的因素起到不可预知的作用（图3-7）。在建筑设计中则基本上采用可以量化的指标以满足室内空间舒适度的要求（图3-8）。室内气温、表面温度、空气湿度和流速、空气质量、噪声环境、光环境均可测量，在此基础上制定标准，如根据德国工业标准DIN1946-2（热舒适度标准），室内空气温度竖向的梯度需每米不超过2K，同时在地面0.1高处不应低于21℃。

图3-7 舒适度的要素

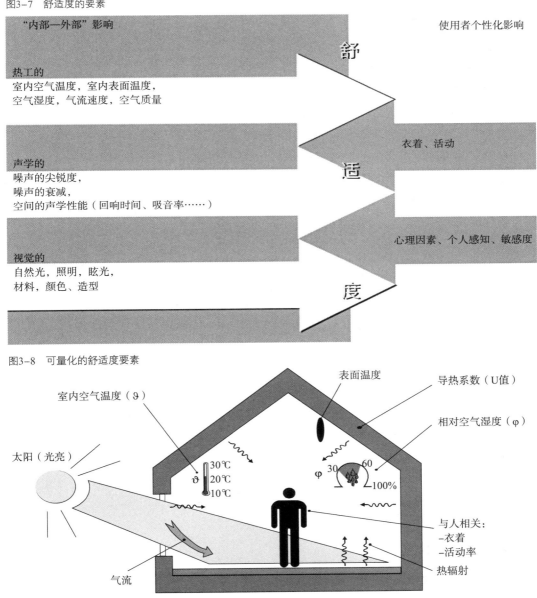

图3-8 可量化的舒适度要素

## 第二节　自然通风系统 Natural Ventilation System

### 1. 原理 Fundamentals

　　自然通风的基本原理是通过造成不同气压产生空气流动。风压可以促使空气流动，建筑的迎风面产生正压，被风面产生负压，这个压力差就是空气流通的动力，空气会透过建筑的开口和缝隙，由正压区向负压区流动，从而带动室内空气流动（图3-9）。

　　只要室外环境存在风（空气流动），建筑的外表面就存在风压差，这时，建筑有开启部位或不密闭，就会带动室内外空气交换。这时如果室内外存在温差，也会很快通过空气交换使室内外温度达到一致，而被自由排出的室内空气中，热量被白白浪费，除了过渡季节，这种情况应该避免，这是传统自然通风的主要问题。在主要以冬季取暖为主的地区尤其要考虑建筑的热保温性能，对建筑外围护结构的保温隔热性能要求较高，即建筑需达到相当的密闭性，当门窗关闭时通过建筑的缝隙产生的空气流量很少（图3-10），这样的建筑在非过渡季节均不采用自然通风，进入建筑的空气均需经过预热（冷）、过滤（保证清洁）、除湿处理，而排出建筑的空气则经过热交换装置，将大部分热（冷）量留在室内。

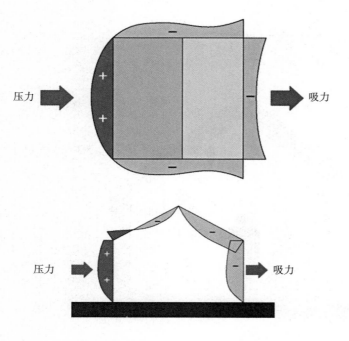

图3-9　建筑外表面不同风压区分布

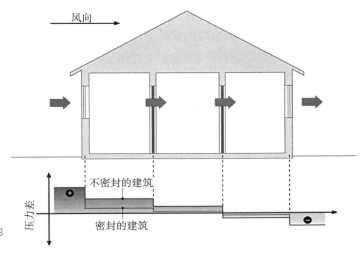

图3-10 建筑的密封性对自然通风的影响

风向

压力差

不密封的建筑

密封的建筑

另一种自然通风的动力来自于热压。由于室内外温度不同，空气密度也不同。温度低处密度大，温度高处密度小，因而产生压力差，使温度低处的空气流向温度高处，即形成热压作用下的自然通风。室外冷空气从低侧窗、门洞口进入室内，经过室内热源或使用后温度升高，热空气上升，从高窗或天窗排出，从而形成空气流动，达到通风的目的（图3-11）。

通过热压进行通风的建筑必须有独立分开的进出风口，进风口位于出风口的下侧，且在高度上离开一定距离（图3-11中的H值越大，则通风效果越好）。

形成热压的基本方式有两种，第一种是预冷进入室内的空气温度。可以将室外空气先引入地下，经过浅地层地热交换，再进入室内。或者在建筑底部室外空气经过的地方造成阴影区，通过这里局部的温差预冷空气，如有遮挡的内院、出挑较多的雨篷等。第二种，较高的中庭或内庭院空间也是建筑中热压通风常用的手段，这些高耸的空间内气温纵向层叠，引起空气流动，即"烟囱"效应。

图3-11 热压通风原理

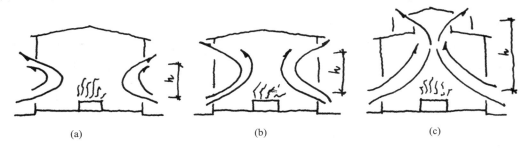

(a)　　　　　　　　　(b)　　　　　　　　　(c)

## 2. 窗通风 Window Ventilation

通过开窗通风是最直接的建筑通风方式，在气候适宜的过渡季节应该采取这种简单的方式对建筑进行通风（前提是室外空气质量能够得以保证）。图3-12表示不同的窗开启程度决定室内空气换气率。最有效的方式是穿堂风式，这时每小时的换气率高于40倍空间容量。

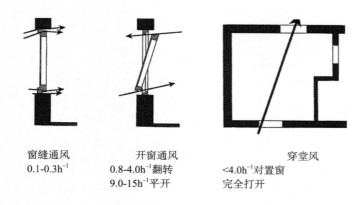

窗缝通风
0.1-0.3h$^{-1}$

开窗通风
0.8-4.0h$^{-1}$翻转
9.0-15h$^{-1}$平开

穿堂风
<4.0h$^{-1}$对置窗
完全打开

图3-12　窗通风的大概气流交换

## 3. 窗通风的辅助设备 Support Equipment for Window Ventilation

如前所述，直接通过窗通风仅适用于过渡季节，在需要室内空气调节的冬夏季直接利用窗通风会造成建筑的热损失，这时应该采取有控制的管道通风方式（前提是建筑有足够的密闭性）。图3-13是几种风管的排布方式，可针对不同功能的空间分别设风管，这时便于控制，但增加了管道的数

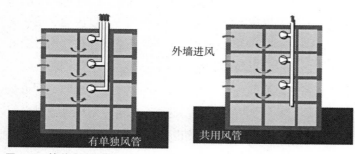

外墙进风

有单独风管　　共用风管

图3-13　管道通风形式

量。也可以采用共用风管的方式减少管道数量或采用集中风管、集中控制的方式。管道排风需要在管道出口端安装一个风机，使用很少的电力推动管道内的空气流动，所形成的负压吸出室内的空气。

室内的进风开启是在建筑的立面上，通常和窗结合安装独立式通风装置（图3-14～图3-16）。注意：并非通过开启

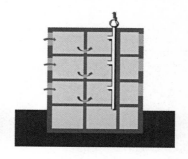

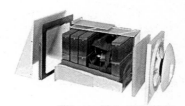

图3-14　独立式通风装置

图3-15 立面进风设备安装位置

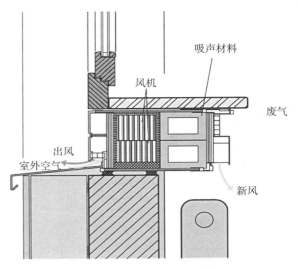

图3-16 安装在窗台下方的独立式通风装置剖面

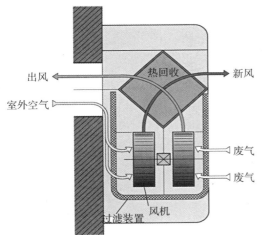

图3-17 带热交换器的独立式通风装置工作原理

图3-18 安装在窗上方的独立式通风装置进气口位置

图3-19 安装在窗上方的独立式通风装置室内可关闭出风口位置

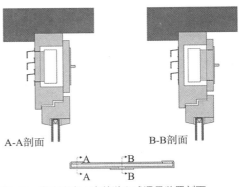

图3-20 安装在窗上方的独立式通风装置剖面

窗扇进风。通常立面独立进风装置带有热交换器，进入室内的新风通过此热交换器与即将被排出的室内污浊空气进行交叉换热而被预热，被排出的室内空气则将一部分热量传给新风，以此达到降低能耗的目的（图3-17）。进风口和出风口的位置必须错开，以避免短路，图3-18和图3-19是位于窗上部、与窗框一体化设计的独立式通风装置的实例，图2-20的剖面则显示了错开的进、出风口位置。

## 4. 中央通风设备 Central Ventilation Equipment

在低能耗和被动式建筑设计中，由于要求建筑外围护结构有极好的保温隔热性能，建筑需要在密封的状态下运行，所以一套中央通风设备往往不可或缺。注意，中央通风设备有别于中央空调——被动式建筑的室温不像中央空调建筑那样依靠设备调节，通风设备仅仅提供室内所需新风（图3-21）。

在有中央通风设备的建筑中，需要使用热交换器降低能耗。室外新鲜空气在进入室内前通过风管进入热交换器，与将被排出的污浊空气交换热量（图3-22）。图3-23为平板式交叉气流热交换器，热回收率$\Phi \approx 65\%$；图3-24为相对气流热交换器工作原理图，以室外气温为0℃、室内气温为20℃为例，经过热交换器之后，进入室内的新风温度可达到18℃，而排出的室内空气则可降到2℃，热回收率$\Phi \approx 85\% \sim 95\%$。

图3-21 中央通风设备系统

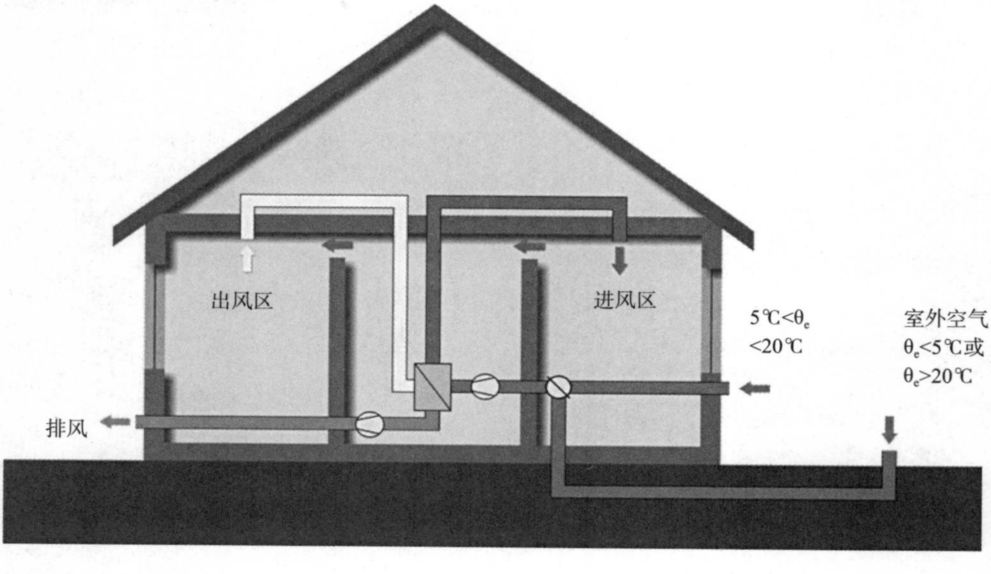

出风区　　　　　　进风区　　　　5℃<$\theta_e$<br><20℃　　室外空气<br>　　　　　　　　　　　　　　　　　　　　　$\theta_e$<5℃或<br>　　　　　　　　　　　　　　　　　　　　　$\theta_e$>20℃

排风

图3-22　中央装置，带热回收器

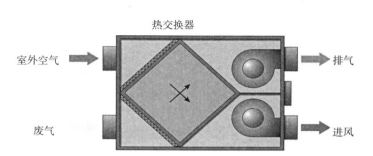

热交换器

室外空气　　　　　　　　　　　排气

废气　　　　　　　　　　　　　进风

图3-23　平板式交叉气流热交换器及原理示意

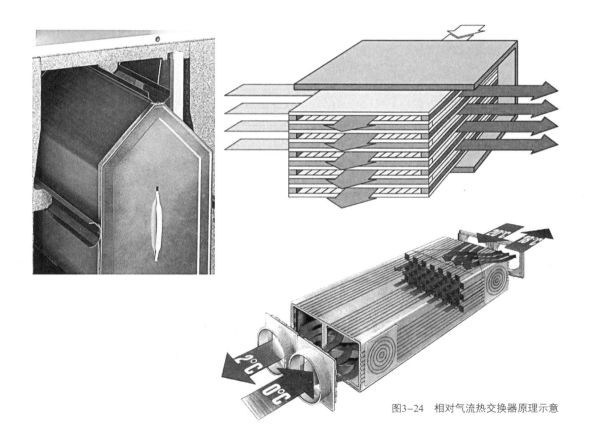

图3-24　相对气流热交换器原理示意

　　中央通风设备共有四个端口，分别是位于室内和室外的进风口和出风口。位于室外的进风口通常被放置于空气来源清洁的地方，如花园或绿化处（图3-25），而出风口则位于较高的位置，如屋顶、檐口处等，便于污浊空气向空中排放（图3-26）。

图3-25 位于花园的进风口

图3-26 位于屋顶的出风口

位于室内的进风口需被安置在需要新风的空间，如卧室、起居室、儿童室或工作室等。通常被安装于顶棚，也可以是墙壁（图3-27和图3-28）。排风口需被安置在废气较多的空间，住宅中主要是厨房、卫生间（图3-29）。

## 5. 一体化非中央通风设备 Decentralized Integrated Machines

首先，中央空调在能耗上的劣势促使必须发展能耗更低的通风系统（图3-30），关于中央空调系统运输空气的能耗会涉及以下因素：

- ·管道内的压力损失
- ·管道长度
- ·管道横断面
- ·空气调节的梯段
- ·空气量

目前用于非中央空调的典型设备有以下几种：

- ·对流式通风机（带热泵用于制冷和取暖）

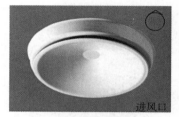

进风口

图3-27 顶棚安装进风口

图3-28 墙壁安装进风口

排风口

图3-29 顶棚安装排风口

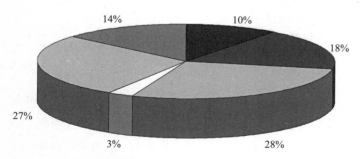

典型的中央空调的办公楼

■ 回冷和制冷机 ■ 制冷 ■ 通风 □ 小电器 ■ 电梯 ■ 其余

图3-30 办公建筑中各项能耗占比

·立面装置或走廊吊顶下的装置用于处理室外空气（图3–31）

·栏板或地感应设备（图3–32）

它们对建筑内部空间带来的优点如下：

·占地少——节省了中央机房、管道，增加了建筑净高（图3–33）

图3–31　立面通风装置，集进排风与热交换于一体　　　　图3–32　安装在地板下的立面通风装置，安装高度17.5cm

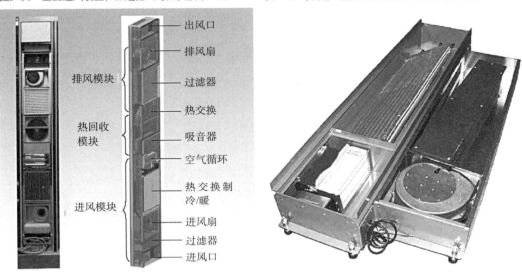

出风口

排风扇

过滤器

热交换

吸音器

空气循环

热交换制冷/暖

进风扇

过滤器

进风口

排风模块

热回收模块

进风模块

图3–33　不同非中央通风设备对层高的影响，均远远低于传统中央空调系统

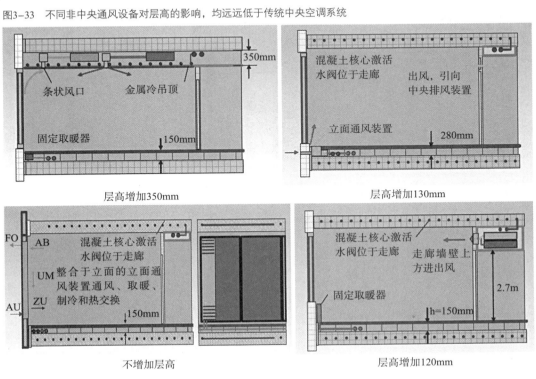

条状风口　　金属冷吊顶

固定取暖器

350mm

150mm

层高增加350mm

混凝土核心激活水阀位于走廊

出风，引向中央排风装置

立面通风装置

280mm

层高增加130mm

FO

AB

UM

AU　ZU

混凝土核心激活水阀位于走廊

整合于立面的立面通风装置通风、取暖、制冷和热交换

150mm

不增加层高

混凝土核心激活水阀位于走廊

走廊墙壁上方进出风

固定取暖器

2.7m

h=150mm

层高增加120mm

·可单独计数核算

·可单独调控

·模数化单位，可与立面统一设计及制造

·较重要空调系统大大提升了防火性能

·运营费用低

## 6. 采用一体化非中央通风设备的建筑实例 Building Examples

本节介绍两个有代表性的建筑实例来说明这种一体化非中央通风设备给建筑空间带来的变化。

实例一：Capricorn haus

这座位于德国杜塞尔多夫的办公建筑，总建筑面积43 000m$^2$，建筑师：GATERMANN + SCHOSSIG，它的业主方是德国能源集团EON，于2005年建成（图3-34和图3-35）。这是按照低能耗标准建造的，比德国EnEV所要求的能耗低26%，获得DGNB金奖。

建筑的平面呈蛇形，转折处形成四个中庭，以提高建筑的空间品质及降低能耗（图3-36）。建筑地上7层，地下4层。标准层的结构层高仅为3.35m，除去楼板的结构厚度25cm、架空地板高度20cm，建筑的净高达到了2.9m（图

图3-34　Capricornhaus俯瞰　　　　　　图3-35　Capricornhaus立面单元

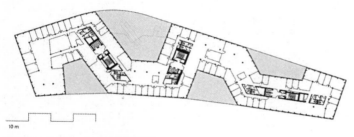

10 m

图3-36　Capricornhaus底层平面图

68

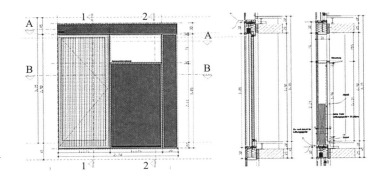

图3-37 Capricornhaus立面单元及剖面图

图3-38 一体化非中央通风设备

图3-39 一体化非中央通风设备的安装及室内效果

3-37）。之所以可以获得如此高效的空间是因为建筑采用了独立式一体化非中央通风设备（图3-38和图3-39）。这个设备位于立面上红色的玻璃盖板之下，集通风、隔声、照明、制冷、取暖功能于一体，其尺寸和位置与立面设计统一考虑，每个模块单元均有可以开启的窗扇，在过渡季节可通过窗自由通风。每个设备均单独调控，无需传统的中央机房，配合混凝土楼板核心激活无需吊顶，极大地节省了空间。由于不受风管、风口的限制，建筑平面有极大的使用自由度。除此之外，建筑的形体紧凑，建筑的外围护结构有极好的保温隔热性能，可利用地热交换获取热量。

实例二：波恩德国邮政总部大楼（Post Tower Bonn）

建成于2002年，总高度162.5m，地上41层，地下5层，总建筑面积约66 400m²，建筑师：Murphy Jahn（图3-40）。

由于建筑基地位于莱茵河的南岸，最初的设计理念是利用河面吹来的风为建筑进行通风调节，以避免夏季使用空调（图3-41和图3-42）。因此建筑的平面呈两头有尖角的卵圆形，分为南北两部分。主要办公空间均沿圆弧形外立面布置，内部为公共及辅助空间。南北两部分由连廊相连，之间

图3-40　波恩德国邮政总部大楼俯瞰

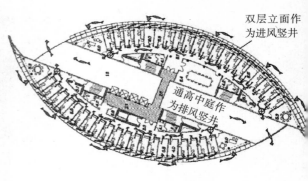

双层立面作为进风竖井

通高中庭作为排风竖井

图3-41　标准层平面，通风概念示意图

图3-42　建筑迎风及背风面所受风力模拟（箭头所指为受风最强处）

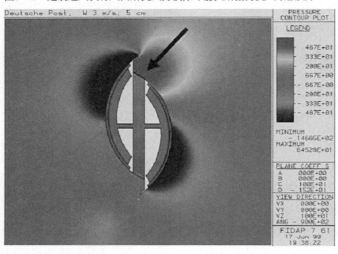

图3-43　波恩德国邮政总部大楼通高中庭内部

为宽大而通高的中庭空间（图3-43），这个空间配合双层立面，相当于中央空调建筑中回风的竖井。

建筑采用双层立面，南北两侧均在楼板高度处有可机械调节开关的进风口。双层立面之间的空间作为进风竖井使用，且安装遮阳及防眩光百叶（图3-44～图3-47）。在过渡季节完全通过自然通风。

建筑利用地下水作为地热交换的冷热源，将混凝土楼板核心激活（图3-48）。在建筑室内空间靠窗的架空地板之下安装了非中央通风装置（图3-49），这个系统为建筑在冬季和夏季无法进行自然通风的时候提供舒适的新风。

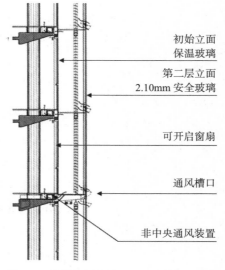

初始立面保温玻璃

第二层立面2.10mm安全玻璃

可开启窗扇

通风槽口

非中央通风装置

图3-44　北侧立面剖面图

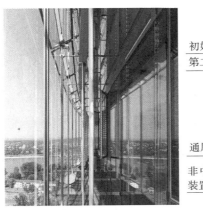

图3-45 北侧双层立面内部

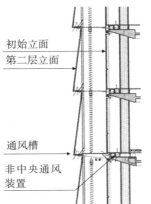

初始立面
第二层立面

通风槽
非中央通风
装置

图3-46 南侧立面剖面图

图3-47 南侧双层立面外观

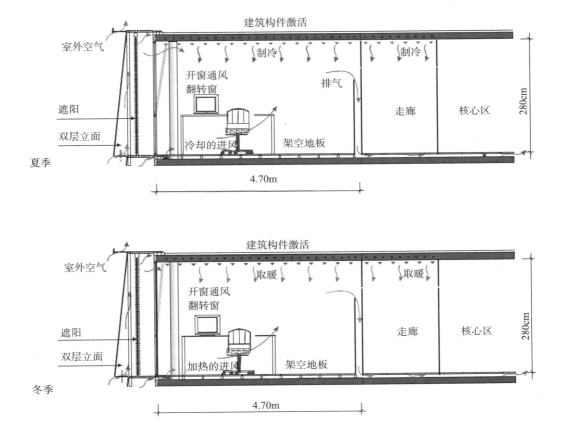

图3-48 冬夏季通风概念

图3-49　安装在架空地板下的一体化通风装置

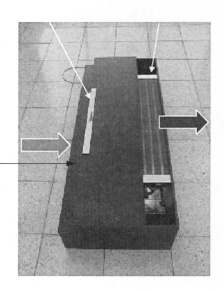

非中央的楼板
下进风装置，
一体化通风机，
4管系统，
FSL-TROX

### 7. 文丘里效应 Venturi Effects

意大利物理学家文丘里（Giovanni Battista Venturi，1746—1822）于19世纪发现，当气流或水流通过一个截面有变化的管子，在截面积最小处的流速最大，这就是后来所说的文丘里效应。利用这个原理，在风吹过的路径上进行变截面设计，可以改变（加快）风速，从而带动空气流动，促进建筑室内通风（排风）。

实例一：林茨设计中心（Design Center Linz），奥地利，建筑师：托马斯·赫尔佐格，1994年（图3-50）。

受伦敦水晶宫（1851年）的启发，托马斯·赫尔佐格设计了林茨设计中心，在一个通透的玻璃顶下设一个大型的多功能展览空间（204m×80m，图3-51）。全玻璃的外围护结构不仅可保护建筑内部，还兼有"呼吸"的功能。

为了避免全玻璃外壳带来的夏季过热和冬季的热损失，除了玻璃需要极好的热防护性能外，还需要一个有效的能量和通风概念。首先在结构选型上用低矢高拱降低建筑的体积，以减少取暖和制冷量，拱矢高仅为12m。建筑的拱顶上方设置了一个梭形阻流板，由于拱体及阻流板反弧的造型，按照文丘里原理，此处形成了一个变窄的通道，使得通过此处的空气被加速。阻流板下的屋顶有可开启条板，根据需要在夏季开启，被加速的室外空气迅速带走室内排出的热气，促进空气流通，带走室内的热量（图3-52～图3-54）。

图3-50 林茨设计中心

图3-51 林茨设计中心室内

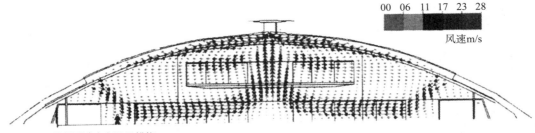

00 06 11 17 23 28

风速m/s

图3-52 林茨设计中心通风模拟

图3-53 屋顶阻流板

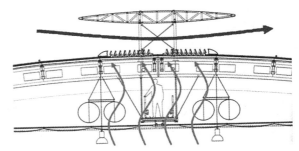

图3-54 屋顶阻流板的工作原理示意

实例二：公共住区和住宅建设公司总部办公楼（GSW Hochhaus），柏林，1999年，建筑师：Sauerbruch，Hutton。建筑面积：24 500m²，功能：办公及基座部分商业，高度：81.5m，层数：22（图3-55）。

这是一个将20世纪60年代建造的老建筑改造成一个无论从外观还是内部工作环境的舒适度乃至节能标准都极为现代的工程实例。建筑平面呈条形，南北向伸展，东西向为主要立面。在朝西的立面建立了双层幕墙，初始立面设计可开启窗扇，幕墙内设置彩色的可自动调控的彩色遮阳板，当天气温暖的下午太阳直射较强时，建筑便呈现出一片彩色的马赛克景象，这成为这幢高层建筑的主要面貌特征（图3-56和图3-57）。另一个使人印象深刻的形象特征是屋顶上微微起翘的帆形结构（图3-58），它是建筑自由通风系统的一个组成部分，与双层立面（彩色遮阳板）相结合，成为建筑节能设

73

图3-55　GSW Hochhaus

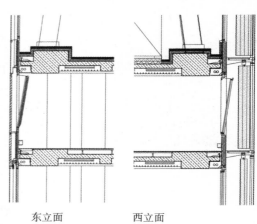

东立面　　　　西立面

图3-56　立面剖面图

图3-57　西立面的彩色遮阳板效果

图3-58　屋顶的帆形结构

计影响建筑外部形象的实例。

　　德国节能标准对于老建筑的改造要求较高。GSW建筑利用西立面的双层立面作为一个狭窄通高的空间，产生烟囱拔风效应，同时屋顶的帆形结构与屋面形成狭窄的空间，利用文丘里效应加速气流，二者共同促进室内空气的流通和排放（图3-59）。

　　图3-60是不同朝向的立面处理方法，可以看出，东侧立面上设置错开排放的进风槽口和箱式采光窗（双层玻璃之间设遮阳和调光板）；西侧为内部装有竖向遮阳板的双层通高幕墙；南侧采用有窗台板的双层玻璃立面，内设遮阳百叶；北侧同样有窗台板，设内置调光百叶。主要的交叉通风

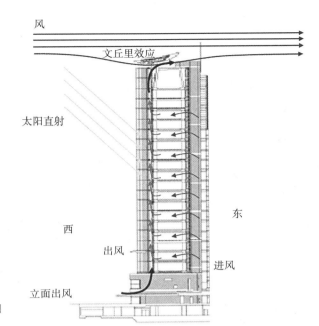

风

文丘里效应

太阳直射

西

东

出风

进风

立面出风

图3-59　通风概念示意图

N

W　　O

S

图3-60　各个朝向立面的不同处理

通过东西立面，建筑内部隔墙上设有进行了隔声处理的通风槽（图3-61）。排气式幕墙兼有采光、遮阳、通风和热缓冲（保温）的作用（图3-62）。建筑的通风系统中还装有热回收装置，与大热质混凝土建筑构件的蓄热功能配合作用，在尽量利用自然通风的前提下，建筑的能耗降低了40%～50%（图3-63）。

图3-61 通风措施体现在具体部位

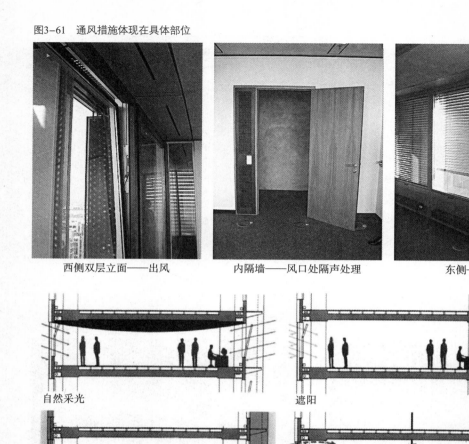

西侧双层立面——出风　　　　内隔墙——风口处隔声处理　　　　东侧——进风

自然采光　　　　　　　　　　遮阳

热缓冲区　　　　　　　　　　交叉通风

图3-62 呼吸式幕墙立面的功能

图3-63 建筑整体节能概念

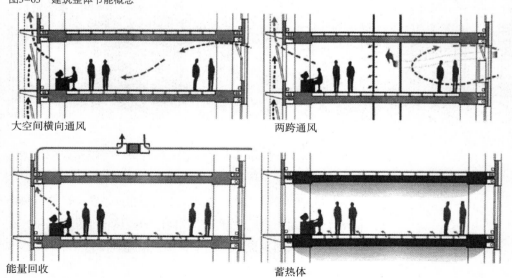

大空间横向通风　　　　　　　两跨通风

能量回收　　　　　　　　　　蓄热体

# 第四章
# 双层立面
## DOUBLE FACADE

## 第一节　概念 Concept

　　立面是隔离建筑内部与外部的屏障，就像人的皮肤一样，既要满足内部的要求，又要经受得住室外环境的考验，还要能够调节内部的能量供求，在保证内部使用空间足够的舒适度的前提下，尽量节省建筑维持室内外温差所消耗的能量。所以立面绝不是一件只需满足视觉要求的外衣（图4-1）。要满足所有这些功能要求，必须根据建筑所处的环境气候条件在立面处理上采用相应的措施。

　　双层立面是指带有两个层面的立面，即初始立面（primary facade）和第二层立面（secondary facade，次要的、从属的立面，这里为便于理解就简单地称之为第二层立面）。为了使光线能到达建筑内部，位于外侧的立面通常使用玻璃。两层立面有不同的分工：初始立面是真正分隔建筑内部与外部的立面，需要满足热保温的功能，而第二层立面则起到对室外环境的防护功能。在这两层立面之间是一个根据需要可大可小的空间，这个空间内的空气通过太阳的照射会变暖，所以具有缓冲区的功能。而为了利用这个功能，必须设置能开闭的通风口，或者是在初始立面上，或者是在第

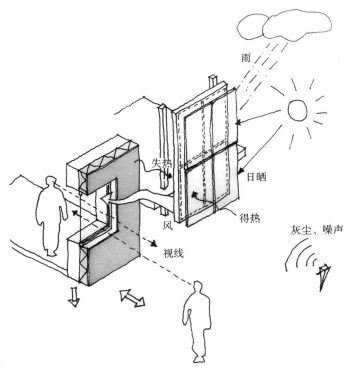

图4-1　立面应满足的功能

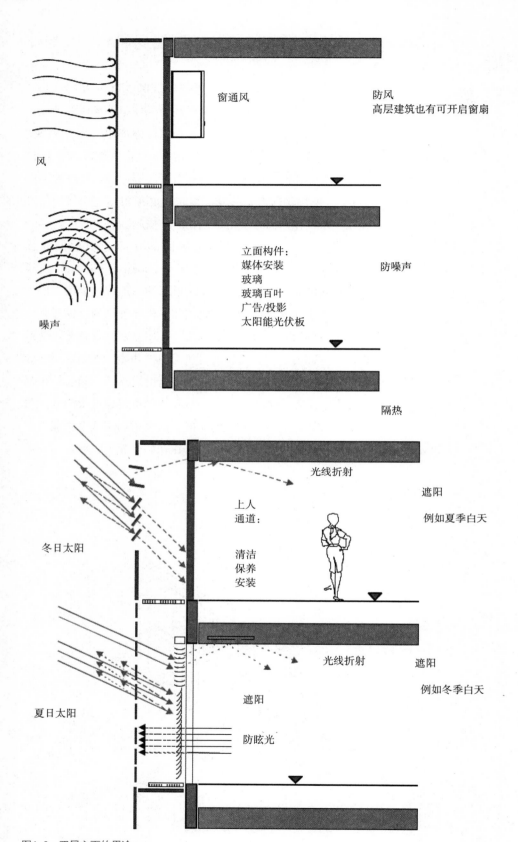

风

窗通风

防风
高层建筑也有可开启窗扇

噪声

立面构件:
媒体安装
玻璃
玻璃百叶
广告/投影
太阳能光伏板

防噪声

隔热

冬日太阳

光线折射

遮阳

例如夏季白天

上人
通道:

清洁
保养
安装

夏日太阳

光线折射

遮阳

例如冬季白天

遮阳

防眩光

图4-2  双层立面的用途

二层立面上，或者两层立面上都有。这些通风口在夏季打开，以防止夹层的空气过热，在冬季被关上，以防止热损失。

为了产生烟囱效应，双层立面之间的空间必须有一定的宽度，最窄需20cm。如果这个空间还同时有维护和清洁功能，则需要大于50cm（图4-2）。

根据可开启通风口位置的不同可将双层立面分为缓冲区立面、排风立面和两层表皮立面。在两层表皮立面的组别里还可分成盒式立面、走廊式立面和箱窗式立面。

## 第二节　发展历史 Development

从历史发展来看，老式的箱窗带有内层窗和外层窗，虽然采用的都是单层玻璃，但是已经具有双层立面的雏形。现代意义上的双层立面类型是基于新的节能要求及满足使用者对室内环境舒适度的要求不断提高而产生的，尤其是高层建筑传统上的单层立面、能耗极高且噪声极大的空调机所带来的弊病促使人们寻求更好的解决方案。另一个促使双层立面产生的核心因素是对建筑自然通风的需求。由于被动式建筑节能设计的要求是建筑外围护结构的密闭性，而建筑通风则通过有组织的通风系统完成，这使得建筑在非过渡季节无法通过开窗来通风。对于很多用户来说，希望在任何时候都能打开窗户"透透气"属于想当然的使用需求，双层立面正好可以满足这个需要。

提高室内环境舒适度的最初解决方案是排风立面，即一个还不完善的双层立面。所谓的排风立面通常是一个与楼层同高的双层窗构件，其位于外侧的第二层立面是一个固定的防晒玻璃，朝向内层的初始立面则是可

开启的窗扇，通常采用单层玻璃，两层玻璃之间设有防眩光功能的遮阳构件。两层玻璃之间被日光加热的空气通过中央通风装置排出建筑。由于热空气需要被不断排出，这种循环流动就提高了窗附近区域的室内环境舒适度。早期排风立面的缺点是无法实现自然通风，并且建筑全年都需要借助于机械通风，所以排风立面是双层立面的一种特殊形式。

## 第三节　优缺点和使用 （Dis-）
Advantages & Applications

双层立面的一个问题是自然通风和噪声防护的矛盾，因为要隔离噪声必须控制和减少立面上通风口的数量，这就也可能造成双层立面之间的空气层过热，也就意味着大大提高自然通风的代价。双层立面的优点是自然通风，改善的外界噪声防护效果及全天候的遮阳防护（防尘和防风）。此外，正确设计和使用的双层立面在冬季可降低热损失。

双层立面对于环境中风和噪声影响较强的建筑，特别是高层建筑是较为合适的，但在设计时一定要根据具体情况的不同斟酌考虑是否适合使用。

双层立面中间没有分隔的类型虽然控制简单，所需维护较少，造价较低，但是由于双层立面之间的空间是一个连通的整体，会带来层与层之间、房间与房间之间的隔声问题。如果建筑的层数较多，还会增加防火处理的难度。另外，由于中间层的气温自下而上上升较快，上部的空间要开窗进行自然通风几乎是不可能的。基于这些原因，双层立面往往还需用再加一个辅助的机械通风。

## 第四节　种类及实例 Classification & Examples

图4-3是立面形式总览，全玻璃的双层幕墙按照其通风的方式可以分成缓冲区式幕墙、排气幕墙和双层皮立面。

**缓冲区式幕墙**

缓冲区式幕墙完全没有对内和对外的通风口，两层立面之间的空气层仅作为冬季防止热损失用，可以提高内部空间的气温，阻止室内外热交换。室内空间的空气交换完全通过空调设备，所以能耗很高，并且用户舒适度较低。

缓冲区式幕墙的优点是为内层初始立面提供了放置受保护外遮阳的空腔，也提高了外立面防噪声的能力。缺点是夏天空腔内的空气温度过高。基于这个原因，缓冲区式幕墙更适用于建筑的北立面。

**排气立面**

为了减少建筑通过立面与外界环境进行热交换造成的热损失，原则上排气立面最外层采用无开启的隔热玻璃，而内层采用简单的单层玻璃。温暖的室内废旧空气被排放到排气立面的空腔内，再经由上部被收集到热交换器后排放。排气立面作为一个气流通道，实际上是建筑整个空调系统设施的一个组成部分。

图4-3　立面形式总览

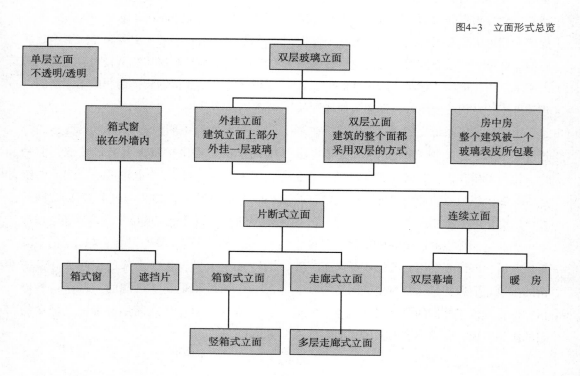

排气立面的优点是保护外遮阳装置不受天气侵袭，改善了防室外噪声功能和室内靠近立面处的热舒适度。缺点是建筑需全年使用空调，所以能耗较高。排气立面可在建筑外部环境中风压、噪声及有害物影响较大的情况下选择使用。

排气立面优点概览如下：

· 防噪声

· 分隔小

· 向所有的面开放

· 玻璃板之间分隔缝式可能的

· 通过关闭侧面改善冬季的热保温是可能的

· 空气缓冲在冬季降低热消耗至50%

· 在夏季用于热压通风

一个典型的排气立面工程实例是柏林的GSW大厦（1999年，建筑师：Sauerbruch，Hutton），在改建一幢建于20世纪50年代的板式高层建筑时，新的建筑通风概念的一部分是利用建筑西立面上加建的与建筑同高的第二层玻璃立面（详见第三章第二节2.7）。建筑的进风口位于东立面，与箱式窗结合，错位布置；建筑内部走廊宽1.5m，走廊隔墙上与门相结合设置了通风槽口。新风经过建筑室内，到达西侧，由西侧的初始立面上可开启的窗扇进入双层幕墙之间的空腔，由于细高空腔本身的拔风作用及屋顶处的帆形构筑物所形成的文丘里效应被吸至上部的热交换器，经过热交换后排出建筑。

**双层皮立面**

双层皮立面的主要特征是在不影响自然通风的前提下在建筑原本的外立面之外再设置一层表皮。外层的表皮是非承重的外挂结构，两层立面之间的空腔分别在顶部和底部设有进出风口，在冬季风口可以关闭，空腔即作为热缓冲区改善建筑的热保温。夏季则通过打开风口形成拔风效果，避免空腔内的空气过热。

双层皮立面里形式多样，包括中庭和房中房，其工作原理相同。在双层皮立面的分类下可以分为连续式和片段式两大类，为了避免中间无分隔的双层立面带来的弊端，将其进行相应的分隔就变得很有必要。可以将其进行水平分隔（走廊式立面和箱窗式立面）或竖向分隔（竖箱式立面）（图4-4和图4-5）。

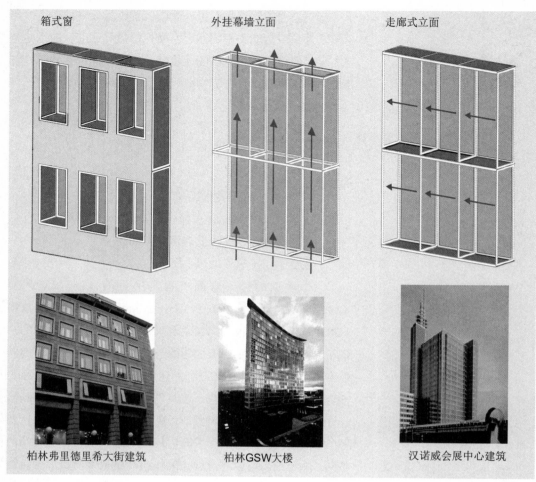

箱式窗 　　　　外挂幕墙立面 　　　　走廊式立面

柏林弗里德里希大街建筑 　　　柏林GSW大楼 　　　　汉诺威会展中心建筑

图4-4 双层立面形式及实例（一）

**箱窗式立面**

　　箱窗式立面是基于箱窗的原理、与楼层同高、带有竖向与水平向分隔的双层立面。水平向分隔通常是按照楼层的位置，竖向分隔则按照水平轴线。这样可以避免层与层之间、房间与房间之间空气和声音的传递和干扰。内层立面的窗可以开启通风。外层立面上在水平分隔的上方和下方分别设有错位布置的进出风口，以避免下层排出的废气从上层的进风口进入上层的夹层空间。

　　箱窗式立面用在内部空间使用对分隔要求较高的建筑，如租给若干个小客户的高层办公建筑。这个类型的双层立面可以通过预制化构件无需脚手架快速安装。

　　箱窗式立面的优点如下：

　　·立面水平和垂直分隔

　　·隔噪声效果极好

箱窗式立面　　　　　竖箱式立面　　　　　"房中房"

艾森RWE建筑　　　　杜塞尔多夫ARAG建筑　　　柏林CDU联邦办事处

图4-5　双层立面形式及实例（二）

·通过垂直分隔减弱相邻房间噪声干扰

·窗箱带进出风口（错位布置可防止进出风混合）

实例一：安联总部大楼塔楼（Allianz Hochhaus an den Treptowers）柏林，1998年，建筑师：ASP Schweger und Partner（图4-6）。

这个高层综合办公建筑的外立面有两种形式，1～10层是背部通风的干挂石材立面，从11层向上均为钢结构竖档加横档立面（图4-7），竖档之间是双层的箱窗，其作用为中央通风系统中的排风构件。办公部分的新风通过中央控制的新风系统提供，通过架空地板进风。室内循环过的空气经过箱式窗上沿的回风口进入双层立面之间的空腔（图4-8），再经过箱窗下部位于栏板墙内的排风管回到架空地板下部的风管，经由中央通风系统排放（图4-9）。

图4-6 柏林安联总部大楼塔楼

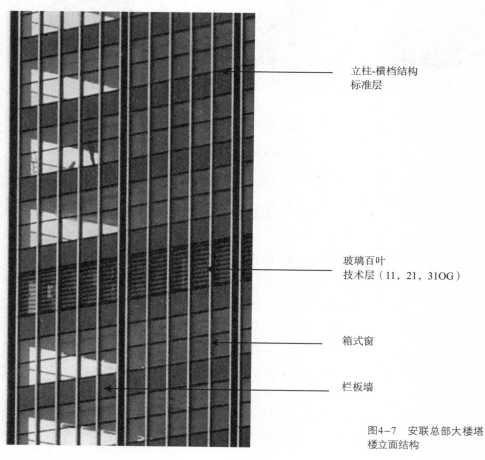

立柱-横档结构
标准层

玻璃百叶
技术层（11，21，31OG）

箱式窗

栏板墙

图4-7 安联总部大楼塔
楼立面结构

排气口在上面

抽吸空气
于两层立面
之间的空间

图4-8　安联总部大楼塔楼办公室部分箱式窗细部

图4-9　安联总部大楼塔楼办公室部分通风设计

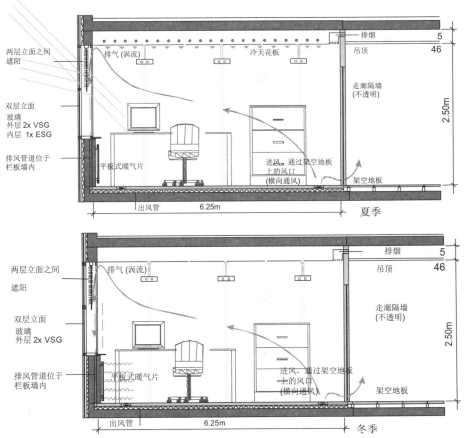

两层立面之间
遮阳

双层立面
玻璃
外层 2x VSG
内层 1x ESG

排风管道位于
栏板墙内

排气 (涡流)

冷天花板

排烟

吊顶

走廊隔墙
(不透明)

平板式暖气片

进风，通过架空地板
上的风口
(横向通风)

架空地板

出风管

6.25m

夏季

2.50m

5

46

两层立面之间

遮阳

双层立面
玻璃
外层 2x VSG

排风管道位于
栏板墙内

排气 (涡流)

排烟

吊顶

走廊隔墙
(不透明)

平板式暖气片

进风，通过架空地板
上的风口
(横向通风)

架空地板

出风管

6.25m

冬季

2.50m

5

46

实例二：慕尼黑再保险公司大楼（Bübogebäude am Münchner Tor），2003年，建筑师：Allmann Sattler Wappner Architekten。

慕尼黑再保险公司大楼由一个20层高的塔楼和一个6层高的裙楼组成（图4-10）。裙楼的北侧临高速公路，出于防噪声需要加了一层玻璃墙，裙楼的南侧基地上有较大的水面（图4-11和图4-12）。建筑主体之所以选择双层立面基于以下几个原因。

· 高层塔楼的自然通风通过一个一体化的"烟囱"进行，一个进风，一个出风，共用一个中间有分隔的井道，有热回收装置（图4-13和图4-14）。

· 当热压和风压均不足以推动气流运转时，空气传输通过两个平行的推进式风机进行。建筑常年利用烟囱效应自然排风，放弃使用中央排风系统，节省了造价和运行能耗。

· 利用地热预热新风；新风通过地下通道，长度130m，横断面5m×3.5m（图4-15）。

· 裙楼部分直接通过窗扇开启通风。

图4-10 慕尼黑再保险公司大楼

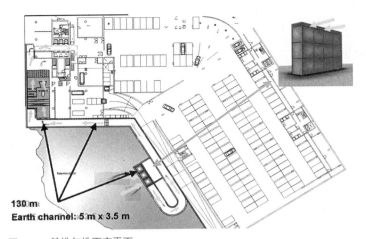

图4-11 基地与地下室平面

图4-12 裙楼北侧的玻璃幕墙噪声屏蔽

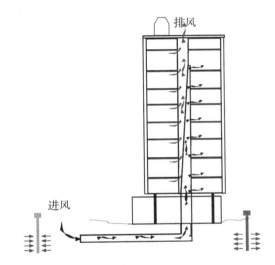

图4-13 塔楼通风系统示意图

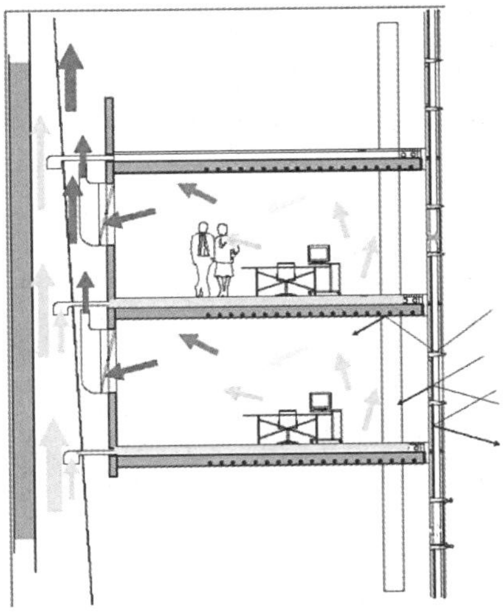

图4-14 办公室通风系统示意图

图4-15 新风地下通道

·建筑采用混凝土楼板核心激活技术，热源来自于地下水。

·取暖通过远程集中供热。

建筑的高层塔楼部分采用箱式立面，两层立面间距28cm，初始立面玻璃：$U=1.1W/m^2 \cdot K$，$G=48\%$，透光率大于70%；第二层立面由打孔板和挡风玻璃组成，打孔率50%，玻璃为单层伏法玻璃。这样的设计可以遮挡噪声，为下部的窗进行遮阳（图4-16和图4-17）。

箱式双层立面空腔内设置外遮阳，遮阳百叶的形式做了特殊的设计，在防止眩光的同时，其上部折射自然光，反射至天花板，可提高室内照度。下

图4-16　箱窗式立面室内

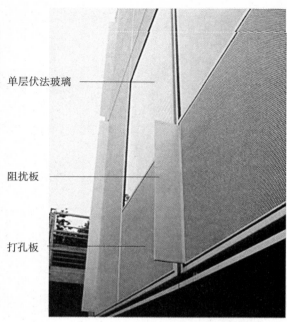

单层伏法玻璃

阻扰板

打孔板

图4-17　建筑外立面

图4-18　双层立面内遮阳板的设置

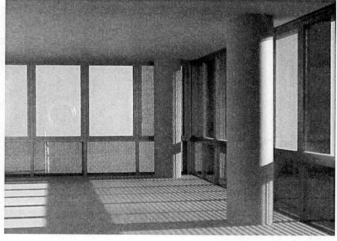

图4-19　大空间室内采光效果

部的打孔板则透过至少70%的光线，使室内得到均匀的漫反射效果（图4-18和图4-19）。

**竖箱式立面**

　　竖箱式立面从其构造上看是箱窗式立面的一种变体，即若干个箱窗在竖向上连通。竖箱式立面的空腔里设置了一个跨越多层的出风竖井，进风口位于整个空腔外层立面的下侧，被晒热后上升至空腔上部的开口进入相连的出风竖井，利用烟囱效应被排出室外。基于热空气的上升动力对竖向的空腔有高度上的要求，如果上升动力不足则需要辅助的机械排风。

竖箱式立面的外层立面上减少了进出风口，改善了对外界噪声的隔离，由于通风量的减少，还增强了竖箱式立面在冬季作为缓冲区的作用。

**走廊式立面**

双层立面之间的空间在每层的位置上都被隔离开，就成为走廊式立面。在此基础上同层的空腔也可以进行一定的竖向分隔以改善相邻空间之间的隔声效果。进出风口分别位于楼层处水平分隔的上方和下方，错位布置。和竖箱式立面相比，水平向的分隔改善了上部空腔内空气可能过热的缺点，但由于增加了进出风口的数量而减弱了隔噪声效果。

对于整层出租的办公楼来说，走廊式立面更适合，这样可以降低由于竖向分隔过多产生的费用，但由此也带来同层空间之间的噪声干扰。

走廊式立面的特点如下：

·改善防噪声效果

·建筑立面水平分隔

·玻璃板之间有缝隙是可能的

·通过关闭通风口可改善冬季保温

·立面之间的空间被加热

·无防火分区问题

·错位的进出风口避免排风倒流

实例三：新缪仑路4号办公楼（Bürogebäude Neumühlen 4）汉堡，2002年，建筑师：BRT（图4-20）。

位于汉堡港口区的新建办公楼建筑共有地上5层和地下一层，建筑面积10 086m²，其室内的热舒适度通过多项节能措施按照被动式建筑设计原则协作完成。

·建筑平面为U形，小进深保证所有的办公空间均有良好的自然采光（图4-21）。

·采用50cm宽走廊式双层立面，内置竖向遮阳板，通风立面进风，保证建筑可自然通风。改善防噪声能力，冬季预热空气（图4-22）。

·冬季远程热供给。

·地热桩与混凝土楼板核心激活为建筑取暖和制冷。

图4-20　新缪仑路4号办公楼

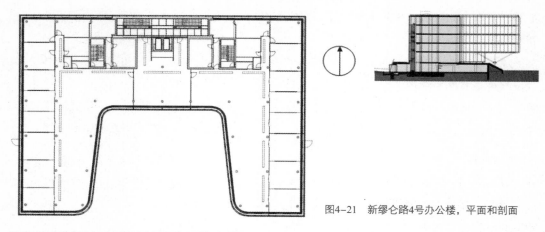

图4-21　新缪仑路4号办公楼，平面和剖面

图4-22　新缪仑路4号办公楼，双层立面内部
和外部

· 排风通过热交换进行热回收（图4-23～图4-25）。

**环绕式立面**

环绕式立面是走廊式立面的一种变体——走廊立面是多层且环通的，特点如下：

· 立面可分隔
· 外层立面上有可调控的通风开启板
· 每两层水平分隔
· 风机产生围绕建筑的水平气流
· 冬季均匀的调温缓冲区
· 夏季北立面的冷空气可被利用
· 南面可利用的太阳能外表皮

图4-23 建筑通风及空调概念

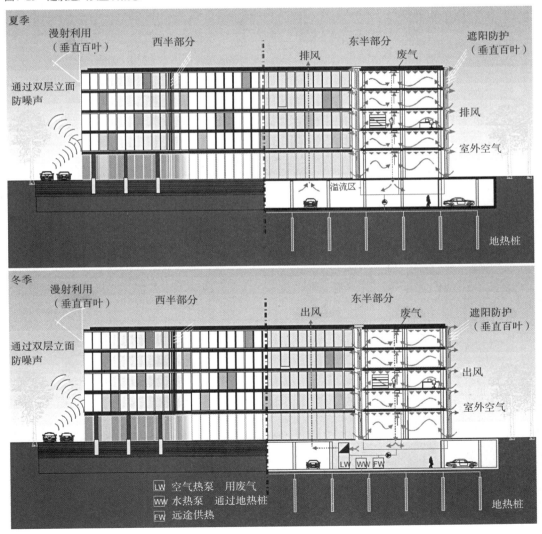

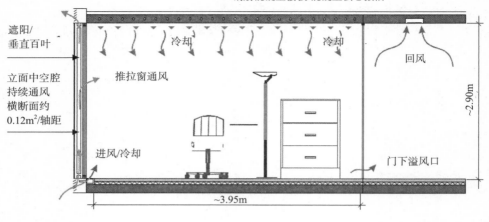

钢筋混凝土楼板/混凝土核心激活

遮阳/
垂直百叶

冷却　　　　　冷却

回风

立面中空腔
持续通风
横断面约
0.12m²/轴距

推拉窗通风

进风/冷却

门下溢风口

~2.90m

~3.95m

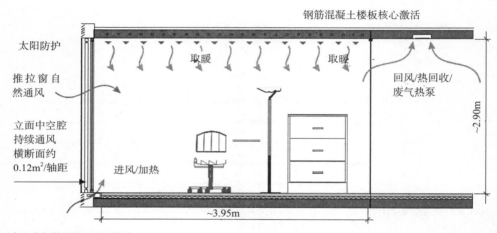

钢筋混凝土楼板核心激活

太阳防护

取暖　　　　　取暖

回风/热回收/
废气热泵

推拉窗自
然通风

立面中空腔
持续通风
横断面约
0.12m²/轴距

进风/加热

~2.90m

~3.95m

图4-24　办公空间的通风及空调概念

图4-25　双层立面内的风口设置

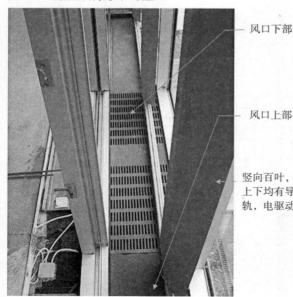

风口下部

风口上部

竖向百叶,
上下均有导
轨,电驱动

实例四：格艾茨公司总部办公大楼（Gebäude der GÖTZ GmbH），维尔茨堡，1995年，建筑师：Webler & Geissler（图4-26）。

格艾茨公司总部办公大楼的设计目标是尽量利用自然采光和太阳能，节能的同时使室内环境舒适度最大化。在综合考虑建筑功能和形象、结构和外立面及建筑技术各项要求

图4-26　格艾茨公司总部办公大楼

图4-27　格艾茨公司总部办公大楼节能概念

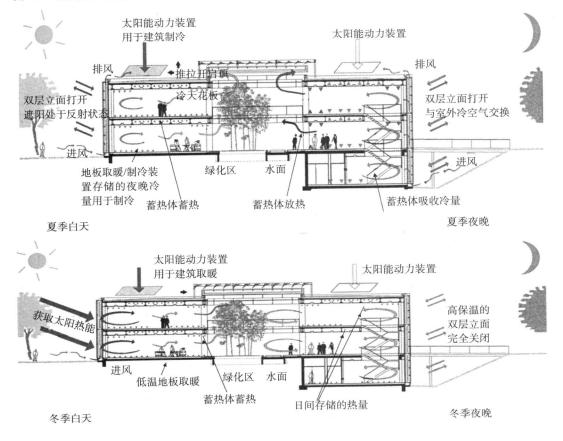

后，建筑采用了透明的双层立面。建筑平面为38m×38m，总高度 8.40m，共二层，钢框架结构。在方形建筑平面的内部是一个12m×12m的中庭，内有绿化和水面。中庭采用玻璃顶，在过渡季节可帮助建筑自然通风，冬季为热缓冲区，夏季夜晚冷却建筑。

图4-28　环绕式双层立面内部

图4-29　环绕式双层立面角部横向出风口

建筑的双层立面是多层环绕式——走廊式立面的一种变体。外层的第二层立面采用36mm厚隔热玻璃，其k值为1.5W/m²，靠近基座及檐口处有可开闭进风槽口。内层的初始立面上有可手动开启的推拉门及电动控制的旋转窗扇。两层立面之间的空腔宽度为60cm，在转角处装有进风口，预热（冷）过的空气被横向吹入空腔，以形成空腔内垂直及水平向涡流。空腔内的遮阳可分段式分别调节，使得室内光线最优。建筑虽然有备用的燃气取暖设备，但可节省总能耗的2/3（图4-27~图4-30）。

图4-30 环绕式双层立面剖面

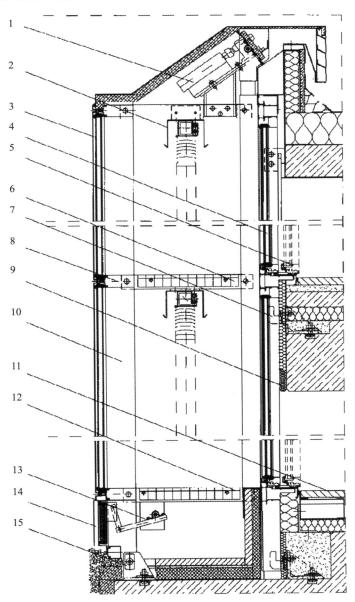

1. 出风口
2. 遮阳百叶箱
3. 第二层立面
4. 初始立面
5. 水平推拉门
6. 铝合金隔栅板
7. 固定铸件，可调节
8. 铝合金横向固定檩条
9. 顶板分隔
10. 铝合金竖梃
11. 地面板
12. 铝合金隔栅板
13. 风口控制件
14. 风口盖板
15. 底部固定件

## 第五节　总结 （Summary）

**风及天气防护**

较高的建筑随高度增加，作用在外立面上的风力增大，这会影响窗扇开启和外遮阳构造。通过双层立面内层窗扇可以开启，遮阳可以在两层立面之间，不受天气和风的影响。

**极少的空调技术**

双层立面的建筑由于可开窗通风，不需要复杂且昂贵的室内中央空调。可以通过极少的技术达到健康舒适的室内环境。夏季可以取代空调机用制冷或冷天花板支持的通风得到适宜的室内温度，

**自然窗通风**

采用双层立面，即使天气恶劣也可以开窗。用户可以自行决定用机械通风或开窗通风。通过开窗，使用者可以接触室外，提高了接受度，从而提高了室内环境舒适度。

**改善的噪声防护**

双层立面在交通量很大的沿街立面上也可以开窗，尤其是当开窗面积较大时。单层立面的窗只有在关闭时立面才有隔噪声功能，而当窗开启时，单层立面则毫无隔声功能。

**被动式太阳能利用**

通过立面变暖的空气在取暖期可利用，并可降低立面热损失。夏季通过适当的调节，如可调节的立面开启，两层立面之间可移动的遮阳，以及合适的通风设计和夜晚降温措施，可以达到舒适的室内气候。

# 第五章
# 中庭
## ATRIUM

Atrium来源于古罗马，是指在当时的建筑（通常是居住建筑）中位于中央的空间，呈矩形，周围环布各种功能空间，其光线来自于屋顶上的一个开洞。中庭的功能相对于起居室，和内院在空间上是连续的。现代的中庭继承了这个源自于古罗马时期的建筑空间名称，其形式和功能均发生了改变和拓展。

## 第一节 概念及发展 Concept & Development

中庭是建筑中一个有玻璃顶的通高空间，在建筑物理方面的主要功能为：为相邻的使用空间提供自然采光，通过温室效应节省冬季取暖的能耗，夏季通过拔风作用节省制冷能耗（图5-1）。

中庭的发展可以从"暖房"（winter garden）说起。图5-2左显示房屋南侧相接的玻璃暖房剖面，白天阳光中的短波透过玻璃进入室内，被不透光的物体表面吸收。由此产生的热量通过传导、对流和辐射（长波）被传递。夜晚室外气温低于室内，此时白天在实体建筑构件中存储的热量传递给室内空气和周围的表面。短波光线（l＜2.5mm）可透过玻

图5-1 中庭在建筑物理方面的主要功能

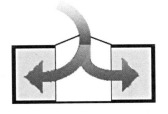
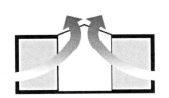
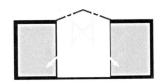

节省取暖的能耗　　　　　　节省制冷的能耗，促进通风　　　　自然采光

图5-2 暖房的集热功能

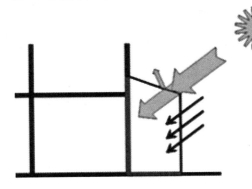
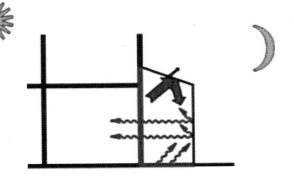

璃，长波光线（1>3mm）则几乎不能透过，此为温室效应产生的前提（图5-2右）。

　　暖房与所连接的建筑室内空间的界面处理与暖房在冬季是否取暖密切相关。取暖的暖房与室内空间的温差仅2℃，二者之间分隔的界面为建筑的内界面，暖房的玻璃围护则为建筑的外界面，需起到保温隔热的作用。暖房内部在冬季温度适宜，是可以使用的室内空间；与之相比，不取暖的暖房和室内空间的气温温差在冬季可能较大，这时分隔暖房和相连室内空间的界面需要满足保温隔热的功能，是建筑真正的"外"表皮，而暖房的外围护虽然位于这层分隔之外，但不需满足保温隔热的功能。不取暖的暖房只是作为建筑的热缓冲区使用（温度适宜时也是可利用的室内空间）（图5-3）。

　　温室效应会导致暖房内部夏季过热，所以在夏季一定要有遮阳措施。图5-4是暖房分别采用内遮阳与外遮阳的比较。采用外遮阳的好处如下：

· 内部无空间损失

· 产品选择范围大，设计可能性多

· 无冷凝水问题

　　但是外遮阳构件裸露于室外，受天气影响较大，对于安装和固定要求较高，需要在建筑建造时同时设计施工，造价与维护保养费用均较高。

图5-3　暖房内部取暖和未取暖的区别

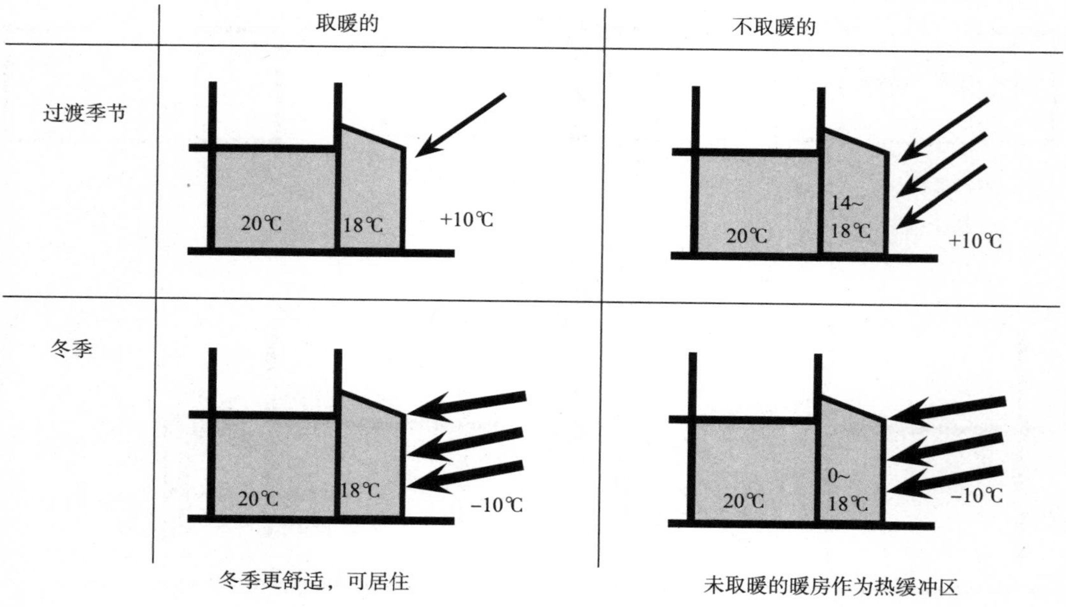

| | 取暖的 | 不取暖的 |
|---|---|---|
| 过渡季节 | 20℃　18℃　+10℃ | 20℃　14~18℃　+10℃ |
| 冬季 | 20℃　18℃　-10℃ | 20℃　0~18℃　-10℃ |
| | 冬季更舒适，可居住 | 未取暖的暖房作为热缓冲区 |

内遮阳与之相比没有这些方面的问题，遮阳不会受天气影响，如果以后加建的话影响不大，造价和维护保养费用较低。在冬季内遮阳有一定的夜晚热隔绝作用，特别适用于斜面或斜屋顶。但总体来说内遮阳的防晒效果远不如外遮阳，因此在可能的情况下应尽量考虑外遮阳（图5-5）。

图5-4　暖房的遮阳

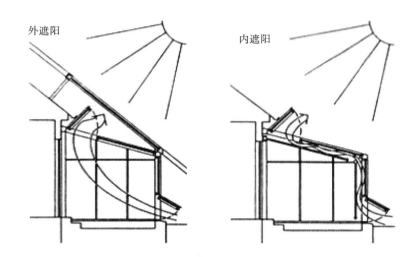

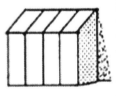
防晒玻璃
+无结构上的措施
+无需操作
+削弱的眩光

-取暖期也遮阳
-外部反光强烈

卷帘
+"自然"的解决
　方案
-无人看护可能会
　损坏
-只能手动

倾斜及垂直遮阳帘
+将倾斜和垂直遮阳用
　一个系统结合
-无人看护可能会损坏
-自动升降会很贵
-倾斜角大于30°

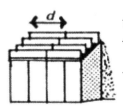
可旋转遮阳板（片）
+可倾斜角度，光控极好

-打开时条状阴影

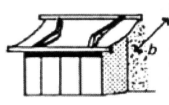
折叠臂遮阳帘
+较便宜

-无人看护可能会损坏
-若自动升降开闭会很贵
-悬挑长度有限制

图5-5　不同形式外遮阳的比较

需要注意的是，无论是内遮阳，还是外遮阳，遮阳构件与玻璃面之间都要留有可供空气流通的空间，内遮阳上方的空气和外遮阳下方的空气要可以循环。

## 第二节　中庭的种类 Classification

按照中庭在建筑平面中位置的不同可以将中庭分为以下六种：附加式、封闭式、转角式、环绕式、内凹式、前凸式，其具体情况和特征如图5-6所示。这些不同种类的中庭功能不同，需要根据建筑的具体情况综合考虑使用。

无论是以上哪种形式的中庭，中庭均为一个封闭的空间，且至少有一个面是采用玻璃的，以便使光线进入中庭内部（图5-7）。这个面常常是顶面，其形式可以是平的或倾斜的（通常朝向光线入射的方向）。中庭的上部需要有可控制的开启，以便夏季得热较多时可以将热空气自然排出。中庭还必须有行之有效的遮阳措施。

图5-6　中庭的分类（色块部分为中庭）

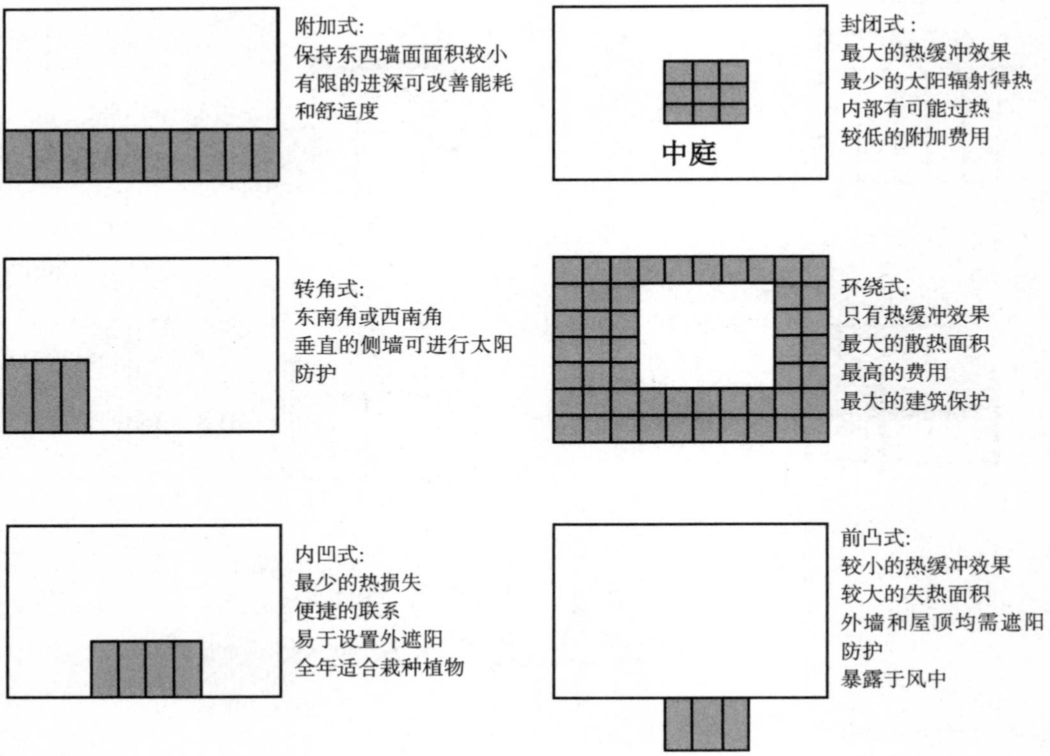

附加式：
保持东西墙面面积较小
有限的进深可改善能耗
和舒适度

封闭式：
最大的热缓冲效果
最少的太阳辐射得热
内部有可能过热
较低的附加费用

中庭

转角式：
东南角或西南角
垂直的侧墙可进行太阳
防护

环绕式：
只有热缓冲效果
最大的散热面积
最高的费用
最大的建筑保护

内凹式：
最少的热损失
便捷的联系
易于设置外遮阳
全年适合栽种植物

前凸式：
较小的热缓冲效果
较大的失热面积
外墙和屋顶均需遮阳
防护
暴露于风中

图5-7 中庭可能的形式剖面示意图

## 第三节 中庭的基本原则 Principles of Atrium

建筑中设置中庭的基本原则是降低建筑的能量需求，具体体现在以下几个主要方面：

在冬季取暖期，

· 中庭降低相邻空间的热交换损失

· 利用太阳能的空气预热→中庭作为进风区

在夏季制冷期，

·通过烟囱效应自然排风→中庭作为排风区

·夜晚交叉通风

另外，全年内中庭都可以改善建筑内部的自然采光，将光线引入建筑内部，这对于进深较大、内部空间较为复杂的建筑尤为重要。

在建筑中考虑设置中庭空间时，需要明确中庭不全都是优点，如果设计或使用不当，通过中庭反而会增加建筑的能耗，如中庭的玻璃围护结构不满足保温隔热的要求，冬季建筑内部的热量会由此流出，而夏季则会得热过多，使得中庭内部温度过高，尤其是当不能完善地解决遮阳和排风的问题时（表5-1）。

表5-1　中庭的优点与缺点

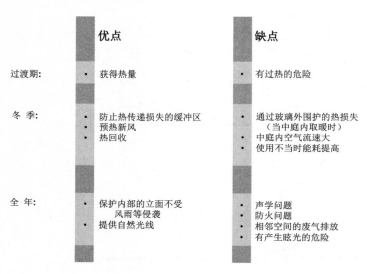

| | 优点 | 缺点 |
|---|---|---|
| 过渡期: | · 获得热量 | · 有过热的危险 |
| 冬季: | · 防止热传递损失的缓冲区<br>· 预热新风<br>· 热回收 | · 通过玻璃外围护的热损失<br>　（当中庭内取暖时）<br>· 中庭内空气流速大<br>· 使用不当时能耗提高 |
| 全年: | · 保护内部的立面不受<br>　风雨等侵袭<br>· 提供自然光线 | · 声学问题<br>· 防火问题<br>· 相邻空间的废气排放<br>· 有产生眩光的危险 |

在中庭设计中，如何在冬季尽可能获取太阳光热和防止通过围护结构散失热量是关键所在。对围护结构的要求是极好的透光率和极低的热传递系数，通常采用玻璃或人工合成材料。另外短波的光线射入中庭内部后，还需要热质较大的吸热体，以便把光能转换为热能留在室内，在夜晚室外气温极低时释放到周围空间（图5-8）。

中庭外围护结构较好的透光率在夏季则变为不利因素，处理不当会使中庭内部气温过高，反而提高建筑制冷的能耗，所以中庭空间是一把双刃剑，有很多欠考虑的反面建筑实例。在设计中庭时务必采取夏季防止过热的措施，尤其是

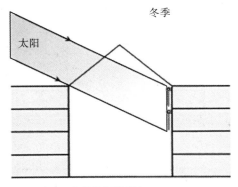
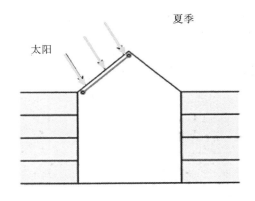

冬季　　　　　　　　　　　　　　　　　　夏季

太阳　　　　　　　　　　　　　　　　　太阳

图5-8　中庭遮阳构件的冬夏反转

那些除了有一个水平玻璃面（采光顶），还有至少一个垂直玻璃面（非北向）的中庭。中庭夏季过热将提高核心建筑的制冷能耗，因此必须控制使之最小，否则提高中庭在取暖期的得热所节省的能耗即不复存在。基于上述原因，中庭夏季的使用情况才是决定其是否节能的关键。如果相邻空间向中庭内通风，中庭的温度对能耗影响则较高，因此可以考虑夏季对中庭周围空间采用机械通风以减轻制冷负荷。在取暖期向中庭内通风则会带来节能的正收益，通过太阳能获得的能量可以用于加热新风。另外，提升中庭的高度，给上升的热空气一个缓冲空间，可以减轻夏季过热。

在进行有中庭的建筑能量设计时，其出发点通常是中庭内的温度全年均高于室外气温，仅透明玻璃面积与体积比小于0.03m²/m³的封闭式中庭（四面被建筑包围）是例外。此外中庭内部层递温差在夏季也显著于冬季。

另一个中庭设计的关键点在于如何利用中庭的高度进行有利于建筑的通风设计。由于中庭空间是一个相对开敞的、高耸的大空间，所以适于被利用为进风、出风或同时具备进出风功能的缓冲区（图5-9）。

·中庭内的进排风组织通常是下部进风，上部排风（废气上行、烟囱效应）。

·在取暖期和过渡季节，中庭作为新风的预热通道（温室效应）。

·在制冷期和过渡期，中庭作为排风的积聚空间（烟囱效应和夜晚交叉通风）。

在设置通风口时，要使进出风口之间的高差尽量大。进风口应尽可能朝向北侧，东侧次之，因为早上的阳光还不强烈，裸露风口的得热微小。为减少温度层递，上部楼层的

图5-9　中庭内的进排风组织

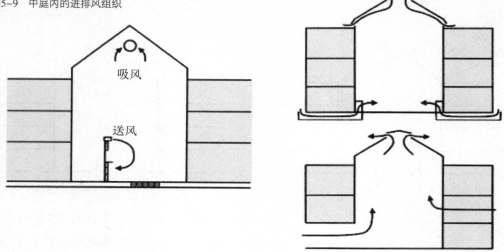

风口最好对面设置，单侧的由风向决定的可供交叉通风的风口设置是首选方案。中庭的通风规则是反应迅速及可靠的风量，这需要综合室内外情况确定（通过安装感应器事先模拟控制及建成后监控调试等）。

中庭里的绿化会限制能耗和舒适度，如对温度要求较高的植物需要中庭在冬季保持5~15℃，主要通过中庭为建筑取暖的能量即会降低。

中庭的玻璃围护总能量透过率需小于0.4，但进光量需要两倍大（基于目前的技术可以做到）。

## 第四节　中庭设计实例 Design Examples

实例一：WAT办公大楼（水和垃圾技术工程师公司），德国，卡尔斯鲁厄，1996年。建筑师：Architekt Günther Leonhardt（图5-10和图5-11）。

WAT办公大楼的基地位于卡尔斯鲁厄市的一个商业办公建筑新区，建设的初衷为低能耗。建筑沿基地的形状，为长向的东西走向，地下一层，地上四层，总建筑面积约1 500m²。建筑的节能措施需要从建筑的形式和外观中得以反映。一个重要的标志为醒目的像一个烟囱一样的"黑墙"，贯穿建筑全高度，其功能是为建筑通风提供动力，同时还是一个装置管道井。这堵墙将建筑分为南北两部分，北部是强隔离区，包含辅助空间和交通空间。南部是玻璃外围

图5-10 WAT办公大楼南侧外观

图5-11 WAT办公大楼总平面

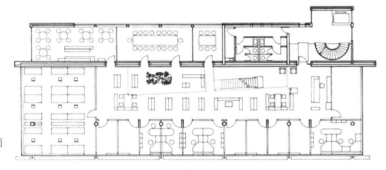

图5-12 WAT办公大楼三层平面
（中央部位为中庭）

护较多的办公区，以获得较多的太阳能并尽量利用自然采光。建筑的三四两层是WAT的办公区，围绕一个位于中央的贯通两层高度的中庭空间（图5-12和图5-13）——黑墙是其中为完成热缓冲功能的一个重要吸热体。

建筑无机械制冷，夏季的过热通过夜晚交叉通风和钢筋混凝土楼板（无吊顶及架空地板）所存储的冷量来避免。建筑的外围护结构保温系数很低（垂直面u=0.3W/m²k，水平面u=0.2W/m²k，玻璃外围护结构u=1.1W/m²k）。建筑安装了太阳能探头，可根据日照情况自动调节进光量，通过控制减少不必要的人工采光。

图5-13 中庭内部

黑墙的内部是一个管道井，内部通风井装有热交换器、给排水设施和电气管线，同时还有长向的结构加固作用，其初始的考虑是利用其垂直向的拔风作用促进建筑自然排风（大多数情况下不用风机）。为达到这个目的，墙体的表面涂成黑色，在太阳光的照射下快速升温并将热能存储于墙体，同时使得管道井内部的气温升高，热空气上升，通过热压带动废气排放。

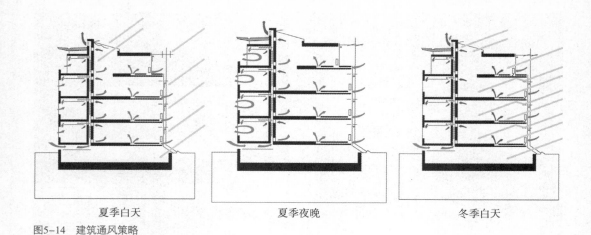

夏季白天　　　　　　　　夏季夜晚　　　　　　　冬季白天

图5-14　建筑通风策略

黑墙的上部位于中庭内，可直接受到透过玻璃顶的阳光照射。为避免变热后的墙体向周围空间释放过多热量，其表面覆盖热反射玻璃。根据季节不同，对其进行不同的通风控制以调节中庭内的温度。除了提供新风以外，黑墙在冬季有蓄热功能，夏季可以冷却建筑。

建筑北侧部分的进风位于北侧的水塘处，冬季通过每层的热交换器预热后进入室内，南侧部分的进风则是通过立面一体化空气收集器，通过安装于楼板中的风管进一步预热后于靠近地面处进入室内。夏季夜晚温度较低的室外空气可以通过冷却楼板进而降低室内温度（图5-14）。

总结一下，这个建筑从以下方面进行了节能的设计。

· 使用较重的介质以减低室内空气温度的调幅。
· 楼板裸露，不做吊顶，作为夏季夜晚冷却的蓄热体。
· 楼板内排进风管，激活热质内部。
· 通过太阳能预热新风减少通风热损失。
· 中央进出风管道井，带有热交换器。
· 管道井的太阳能预热造成热压促进废气排放。
· 优化的自然采光减少照明用电量及热负荷。
· 固定的外遮阳构件，可根据需要调节进光量。

实例二：柏林能量论坛（Energie Forum Berlin），2003年。建筑师：Architekt BRT Bothe Richter Teherani（图5-15和图5-16）。

柏林能量论坛建筑位于柏林东站对面，施普雷河畔，是在原有的5层高历史建筑（1907年建）改建基础上并于其南侧加建了两个各8层高的L形侧翼建筑，三个建筑体块之间

图5-15　柏林能量论坛总平面图

图5-16　柏林能量论坛全景

图5-17　建筑沿河立面

图5-18　建筑北侧入口

形成一个面积约1 200m²的中庭空间（玻璃采光顶采用轻钢结构，以便在冬季获得最大的太阳光热，跨度最大达35m）（图5-17）。建筑的北侧入口是一个穿过老建筑的管状通道（图5-18），底层为会议空间，上面各层为办公空间（图5-19和图5-20）。

中庭是建筑综合体的中心焦点，根据季节可用作展览空间，如作为公司的产品销售会和其他活动场所使用，是集会和交流的聚合处。建筑体量较为紧凑，有极好的保温措施，建筑立面根据朝向不同分别采用不同的玻璃和防晒或防眩光措施。

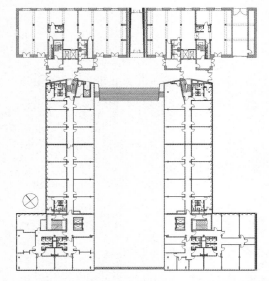

图5-19 底层平面图

图5-20 中庭内部

　　建筑的能量概念基础是置入196根长8.5m、直径为50cm的地热交换桩。冬季地热桩连接热泵，为两个侧翼的空间提供热量，此外，两侧翼中还有对流加热器及中庭内部的地暖、两个远程供热的送排风系统（仅在冬季使用）辅助供热。

　　在夏季建筑通过混凝土核心激活进行冷却，冷量来自地热桩。依据办公空间和室外气温的差别，建筑可自动采取夜晚交叉通风，白天则采用自然通风（图5-21和图5-22）。

　　中庭内装有自动控制的通风槽口，可保持中庭内部的空气新鲜，并且环绕中庭的办公空间也可以通过开窗获取新鲜空气。老建筑的通风通过窗台下的排风装置和被动式进风装置。

　　所有的南向、东向和西向的窗均使用无色的防晒玻璃和可手动调节的内遮阳百叶，百叶的遮阳和防眩光设计可使建筑获得足够的自然采光（图5-23）。

　　西南向立面和屋面安装了太阳能光电装置（55kWp）。

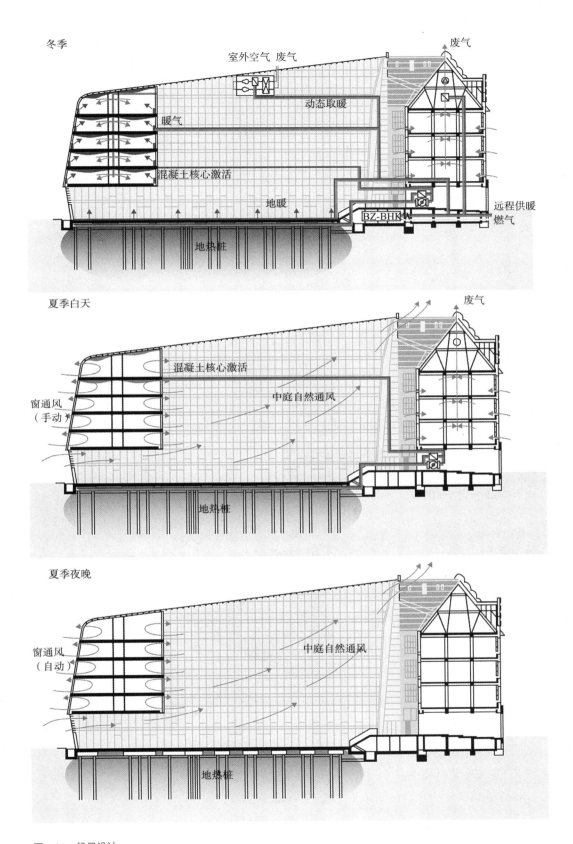

图5-21 能量设计

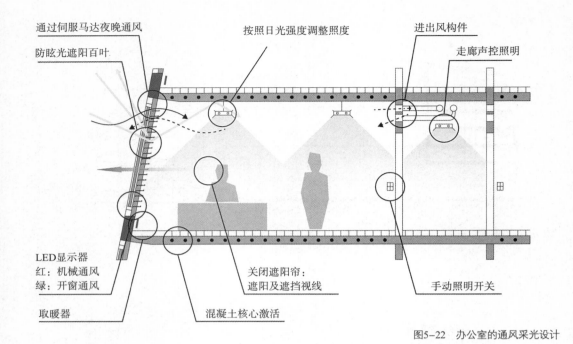

通过伺服马达夜晚通风

防眩光遮阳百叶

按照日光强度调整照度

进出风构件

走廊声控照明

LED显示器
红：机械通风
绿：开窗通风

取暖器

关闭遮阳帘：
遮阳及遮挡视线

混凝土核心激活

手动照明开关

图5-22　办公室的通风采光设计

图5-23　不同朝向部位的遮阳设计

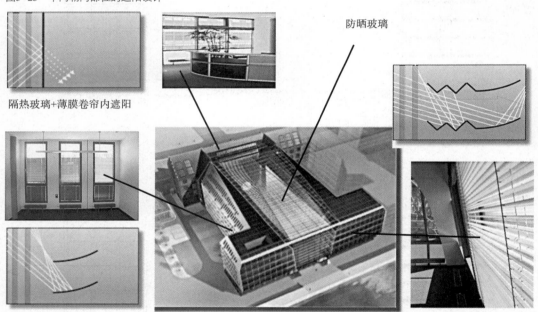

隔热玻璃+薄膜卷帘内遮阳

防晒玻璃

防晒玻璃+Retroflex内遮阳

防晒玻璃+Retroflex内遮阳

　　实例三：Festo科技中心（Esslingen-Berkheim），德国，2001年，建筑师：Ulrich Jaschek（图5-24和图5-25）。

　　仅用了两年的时间，建筑面积为34 000m$^2$的Festo科技中心即建成使用，在极为通透和开放的形态下仍然达到了低能

图5-24 底层平面图

图5-25 Festo科技中心外观

耗——56kWh/（m²a）。70%以上用于取暖和制冷的能耗来自于建筑获取的太阳能及地热和生产余热。仅30%的能耗来自于燃气取暖设备。建筑的造价为1 350EUR/m²，证实了一个出色的且低能耗的建筑不一定非得是昂贵的。

建筑的平面如一个摊开的有六根手指的手掌，这些"手指"为建筑的主要使用空间，每两根"手指"之间是一个宽敞的中庭空间——其顶面积达2 700m²，这样大大缩减了建筑裸露的外立面面积，为实现建筑低能耗创造了先决条件（图5-26和图5-27）。

中庭的顶部采用三层的通过内部压力自承重的ETFE膜材气枕。气枕的走向垂直于建筑，每个单元宽度2.5m，最长处达28m。外边缘处密封并固定于铝合金框架中。通过两个位于外侧的长跨梁为气枕提供空气，使得上面的腔体或下面的腔体处于微超压状态，同时也就产生了一个隔热的气垫。夏季，可以根据需求进行空气交换以带走中庭屋顶的热量，使之不会影响到中庭内部的气温。

设计者为气垫覆盖的中庭顶面发明了一个空气遮阳系统。三层的气枕通过内部的压力稳定，上面和中间的膜表面有棋盘图案涂层，其位置正好错开（图5-28和图5-29）。位于中间的膜可以通过压力变化改变位置，进而改变进光量。这种方式所达到的遮阳率在47%～93%，中间层位置调节需时15～20分钟。中庭南部的垂直玻璃立面采用水动力驱动的帆形外遮阳，根据需要控制展开的程度。夏季通过创新的遮阳技术使得建筑所需制冷的能耗极低，中庭的气温在夏季低于室外气温5℃，在冬季则不低于12℃。

图5-26 底层平面局部放大

图5-27 中庭及南侧玻璃幕墙的帆形外遮阳

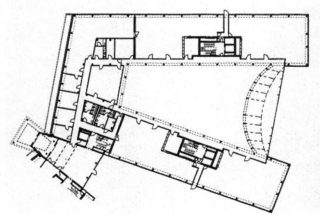

图5-28 空气遮阳系统工作原理

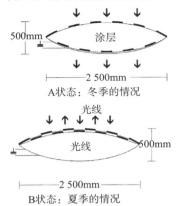

500mm

涂层

2 500mm

A状态：冬季的情况

光线

光线

500mm

2 500mm

B状态：夏季的情况

图5-29 气垫遮阳的冬季状态

建筑办公空间采用三层中空玻璃（U值0.8），其遮阳百叶分为上下两部分，可分别独立控制。当需要遮阳时，下部百叶关闭，而上部百叶开启，其上百叶叶片的弯折及弧线设计可将光线引导入室内，通过天花板反射到离窗较远的内部，这样即使在炎热的夏季也无需使用人工照明。

实例四：德国铁路局管理大楼，哈姆，1999年，建筑师：Architrav Architekten（图5-30）。

低能耗建筑对于自用的业主来说额外具有吸引力，位于哈姆的德国铁路局管理大楼就是这样一个典型的实例。建筑占地面积3 700m²，总建筑面积6 900m²，地上5层高，西侧的建筑部分有一层地下室，作为仓储及设备空间。建筑的体型紧凑（表面积体积比为0.24m⁻¹），2~5层的使用空间为U形，中间为有玻璃采光顶和东侧玻璃幕墙立面的中庭，作为建筑的热缓冲空间，即典型的内凹式中庭布局。虽然此类建筑最好的朝向是南向（包括东南向、西南向），但出于城市关系的考虑建筑的主要立面朝东（图5-31）。

底层是入口服务大厅，中庭与建筑的底层通过一个钢筋混凝土楼板分隔，沿中庭布置的建筑空间有相互连接的走廊（图5-32和图5-33）。建筑采用钢筋混凝土结构，办公部分

图5-30 德国铁路局管理大楼外观

图5-31　德国铁路局管理大楼总平面图

外墙高效外保温（U=0.25W/m²K），并采用普通可开启外窗（双层中空玻璃、隔热金属窗框U=1.3W/m²K）。

　　紧凑的建筑体型和极佳的外围护结构保温措施使得建筑的冬季热损失极低，中庭降低了建筑的外立面面积，冬季中庭通过缓冲区效应基本可以维护自身的温度，南向窗和中庭都可以通过被动式太阳光热为建筑加热。

　　建筑可以通过开窗进行自然通风。中庭可以作为"有空调"的室外空间通过一个热交换器为周围的使用空间提供新鲜空气，可以根据需要调节中庭内的温度，使之冬季高于室

图5-32　德国铁路局管理大楼二层平面图

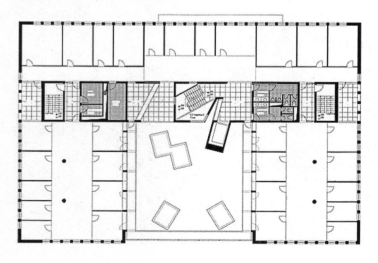

图5-33　德国铁路局管理大楼中庭内部

外气温，夏季低于室外气温，这样与中庭相连的空间就有了一个温度适中的"室外"空间。

建筑采取了全面的措施防止夏季得热过多，以降低建筑的制冷需求：

· 建筑的玻璃面面积基于采光需要计算得来

· 极佳的遮阳防护

· 中庭的顶面采用遮阳玻璃和内遮阳（图5-34），顶层积聚的热量可直接排出（烟囱效应）

· 办公空间无吊顶，混凝土楼板作为热质白天存储内部使用产生的热量，夜晚交叉通风再使其降温

在冬季和夏季，仅位于建筑内部的大空间办公区域需要部分经过降温的机械进风。新风的预热和预冷均通过地热交换器和热回收装置以降低能耗（图5-35）。

建筑的外立面开启部分是根据满足建筑内部自然采光的需要而设计的，这里必须控制办公空间的进深。外窗的遮阳设计分上下两段，当下部的遮阳部分处于全关闭状态时，上部可以调整倾斜角度，使得建筑仍然可以通过自然采光而无需额外的防眩光措施。中庭内部连廊的铺地和护栏均采用

图5-34 中庭的下拉式内遮阳

图5-35 通风概念示意图

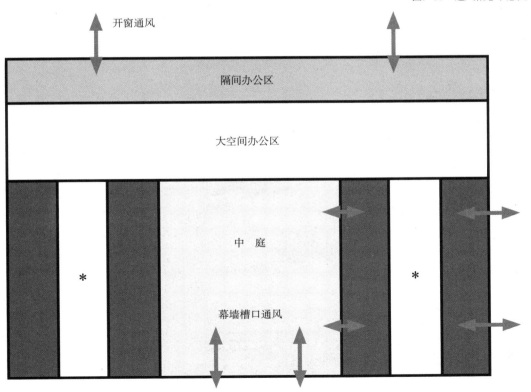

开窗通风

隔间办公区

大空间办公区

中 庭

幕墙槽口通风

*

*

半透明的材质，这样与中庭相连的空间才会有足够的自然光线。中庭的遮阳防护是根据自然采光需求经过模拟得出的。

实例五：汉诺威金融信息技术管理建筑（FinanzIT Hannover），1999年，建筑师：Hascher + Jehle Architekten und Ingenieure（图5-36～图5-40）。

图5-36　FinanzIT Hannover入口外观

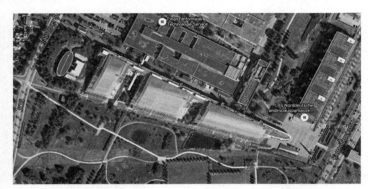

图5-37　总平面图

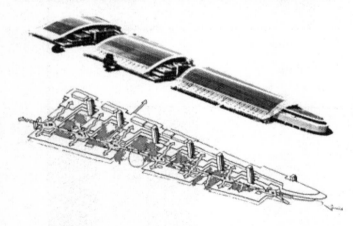

图5-38　建筑设计概念示意图

图5-39　建筑横断面图

图5-40 南侧外观    图5-41 连接两段建筑的通廊和室外绿化

汉诺威金融信息技术管理建筑（原为DVG汉诺威）位于世博会址附近，建筑长380m，东西走向，主要的南侧立面面向公园。建筑总建筑面积56 844m²（包括中庭及地下车库），共4层高，大部分被呈楔形走向的、中间有两处断开的弧形断面玻璃顶覆盖，仅北侧立面与局部屋顶露在外面（不完全房中房式中庭）。在建筑横断面上，南侧朝向公园处为梯台状逐层跌落，与绿化空间咬合。梯台同时为绿化空间，在玻璃顶被截断的两处位于室外，其余部分则位于室内（图5-41）。

从入口接待处起，一条位于二层的通廊贯通整个建筑，通廊的两侧为交流和休息区，设有咖啡厅、自助银行终端等。办公空间的设计为灵活多样的组合式，原则为"清洁桌面（clean desk，工作位的数量低于工作者的数量，即没有固定工作位，每个工作者均可自由选取工作位）"，1 850人办公，1 350个工作位。

建筑设计的出发点是绿色办公景观及被动式太阳能建筑。能量设计的核心是通过建筑构件核心激活取暖和制冷，玻璃顶中庭作为室内外缓冲区，带有热回收装置的进出风设施，自然光运用和一台热力站。

建筑的立面采用木铝结构（内层木材、外层铝合金或玻璃）。外侧使用热保温玻璃［U = 0.9W/（m²·K）］。中庭顶面的玻璃的保温性能相对较低［U = 1.5W/（m²·K）］。所有办公空间均有外置遮阳和内置防眩光卷帘设施。

中庭玻璃顶采用钢结构，玻璃是单层的防晒安全玻璃（由两层10mm厚预应力夹胶玻璃组成），表面的涂层由屋檐处向顶部逐渐加深，并达到只有50%的透光率。中庭大部分的立面及屋顶有可开启槽口，可进行自然通风，这样可防止夏季过热。中庭冬季内部不取暖，作为热缓冲区被动式获取太阳能。玻璃顶内外两面均由机器人进行清洁（图5-42～图5-44）。

能量设计的要点总结如下：
· 利用风压进行自然通风
· 被动式太阳能利用
· 利用自然采光减少人工照明用电量
· 混凝土楼板核心激活
· 热、力联动的热力站
· 废气热回收
· 中庭内种植绿化改善微环境

图5-42　南侧立面的通风槽口

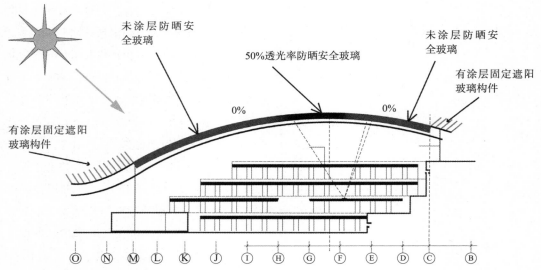

图5-43　中庭顶面玻璃的防晒处理

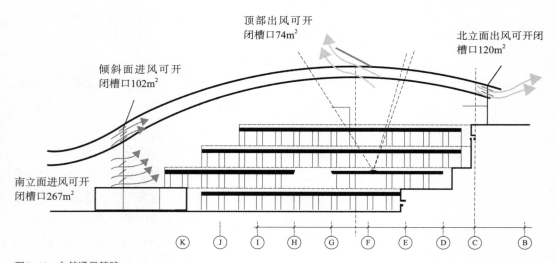

图5-44　自然通风策略

118

图5-45　柏林CDU联邦事务处总平面图　　　　　　　　图5-46　柏林CDU联邦事务处外观

实例六：柏林CDU联邦事务处（CDU Bundesgeschäftsstelle in Berlin），2000年，建筑师：Petzinka， Pink und Partner（图5-45和图5-46）。

柏林CDU联邦事务处是一个以办公为主、兼有会议和管理功能的建筑，占地面积2 404m²，总建筑面积12 621m²（包含内外两个中庭面积1 012m²）。这是"房中房"式中庭的首个建筑实例，即中庭将建筑完全围裹在内。这是从城市设计、噪声防护、自然采光和建筑形象等角度出发综合考虑的优化方案。

建筑的主体由两部分组成，一是接近棱形的外围护结构，几乎占满了基地，其高度为城市规划规定的限高18m，底层大部分为石材覆盖，入口处和其上部位及顶部均为玻璃。这个外围护结构将建筑的主要使用空间即主体围在当中，形成一个中庭，7层高的办公建筑平面呈多边形，6层和7层伸出于中庭顶部，其立面向内倾斜。顶部建有屋顶花园并设有太阳能光伏板。

建筑主体的形体呈船形，通过内外两个中庭，所有办公空间均可得到良好的自然采光和景观视野。首先，中庭作为建筑与外界之间的过渡空间减少了冬季建筑通过热传递产生的能量损失，控制建筑夏季的热防护，并且通过中庭花园创造宜人的工作环境。通过中庭建筑表皮的阻隔噪声和保温隔热功能使得办公建筑可以自由开窗通风。相比于传统建筑，这个使用了"房中房"式中庭的建筑降低了运行费用25%～30%，初级能耗降低20%，二氧化碳排放量降低25%。

建筑表皮的设计尽量做到轻盈通透，以满足足够的进光量。建筑实体的平面为多边形，可以最大化使用统一预制的建筑构件。中庭围护结构的玻璃尺寸和类型及通风槽口是按照技术需求优化的。

**夏季通风概念**（图5-47）

夏季通过热通风机避免建筑过热。上升的热空气通过位于上部的通风槽口排出。此外，建筑主体位于中庭内部的立面上安装有外遮阳，防止办公空间内部得热。

**冬季通风概念**（图5-48）

冬季，中庭的功能有如温室，中庭内的空气通过阳光照射变热，对内部建筑起到保温气垫的作用。

图5-47 夏季通风概念

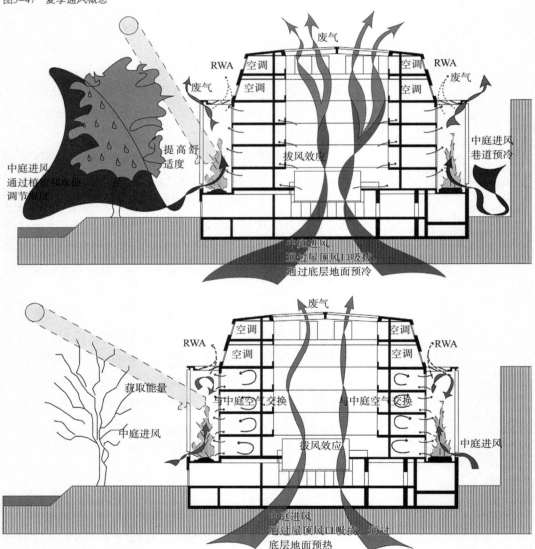

图5-48 冬季通风概念

# 第六章
# 被动式与主动式
# PASSIVE AND ACTIVE

纵观建筑节能发展过程，人类从意识到能源和环境问题，认真考虑建筑能耗问题开始，经历了从低能耗建筑到被动式建筑再到目前主动式建筑的阶段（图6–1）。

最早开始节能建筑规范化的国家是北欧国家，这是由于这些国家地处高纬度，冬季严寒且漫长，建筑取暖的能耗成为建筑运营支出最大的部分；由于经济发展和教育水准极高，加之政府的社会责任，国民的环境保护意识普遍较高，这是生态节能建筑最早在这些国家得到发展的主要原因。在瑞典和丹麦，被动式建筑在20世纪80年代中期就成为一个新建建筑需要执行的标准。那时人们就在思考进一步发展低能耗建筑的原则，即极佳的保温、避免冷桥、空气密闭性、保温玻璃和可控制的室内通风。以此为基点，1988年德国被动式建筑研究所的负责人沃尔夫冈·费斯特（Wolfgang Feist）博士与瑞典隆德大学的博·亚当森（Bo Adamson）教授共同提出了被动式建筑这一概念，其基本原则就是尽可能降低建筑的能耗，并设法利用可再生能源，其极限即零能耗建筑。

在被动式建筑经过20年发展的基础上，西方又提出了超越其目标的概念，即建筑不仅能耗极低，并且可以产生能量。对于这样的建筑，在当前这个阶段专业界还没有统一叫法，衡量标准虽然还存在微小差别，但总的意思大致相同，本书采用主动式这个概念，以延续被动式的发展脉络。

图6–1　不同类型节能建筑的能耗标准

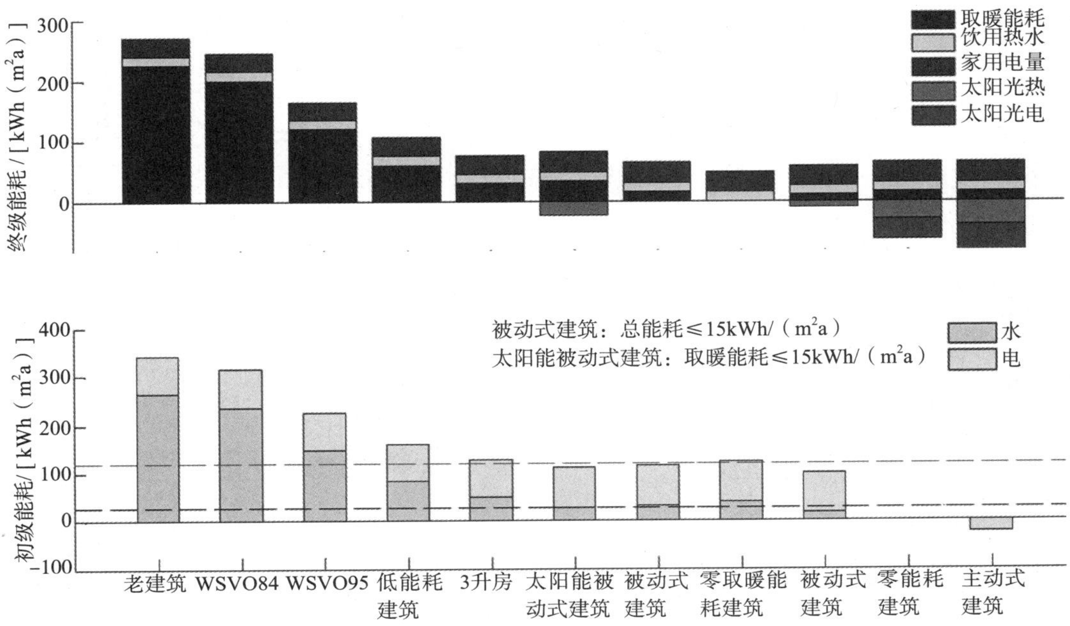

终级能耗 / [ kWh（m²a）]
300
200
100
0
取暖能耗
饮用热水
家用电量
太阳光热
太阳光电
初级能耗/ [ kWh（m²a）]
400
300
200
100
0
–100
被动式建筑：总能耗≤15kWh/（m²a）
太阳能被动式建筑：取暖能耗≤15kWh/（m²a）
水
电
老建筑
WSVO84
WSVO95
低能耗建筑
3升房
太阳能被动式建筑
被动式建筑
零取暖能耗建筑
被动式建筑
零能耗建筑
主动式建筑

## 第一节　被动式建筑系统 Passive Building System

被动式建筑不是能源标准，而是一个全面的高舒适度概念。其准确的定义是：被动式建筑是热舒适度（ISO7730）仅通过对新风的再加热或再冷却就可以满足，不需要使用循环空气，而新风的空气质量完全可以达到要求（DIN1946）。

这个定义完全是功能上的，而不是量化的，适用于所有的气候区。它显示出，这不是一个随意制定的标准，而是一个健康的理念。所以被动式建筑不是被发明出来的，它的原则更多的是被发现的。唯一可以讨论的是，“被动式”这种提法对这个理念是否合适。因为热舒适度是尽可能通过被动的措施如热保温、通过温差进行热回收、被动地利用太阳能和室内热源等来实现的，所以才产生了被动式建筑这个称谓。更明确的解释来源于：被动式建筑必须是气密的，而在所有的气密建筑中总是伴随着通风，被动式建筑理念意味着，技术的组成部分“通风”摒弃额外的通风管道，没有大的横断面，也不用额外的通风机组而直接被用于采暖。图

图6-2　被动式建筑的基本原则

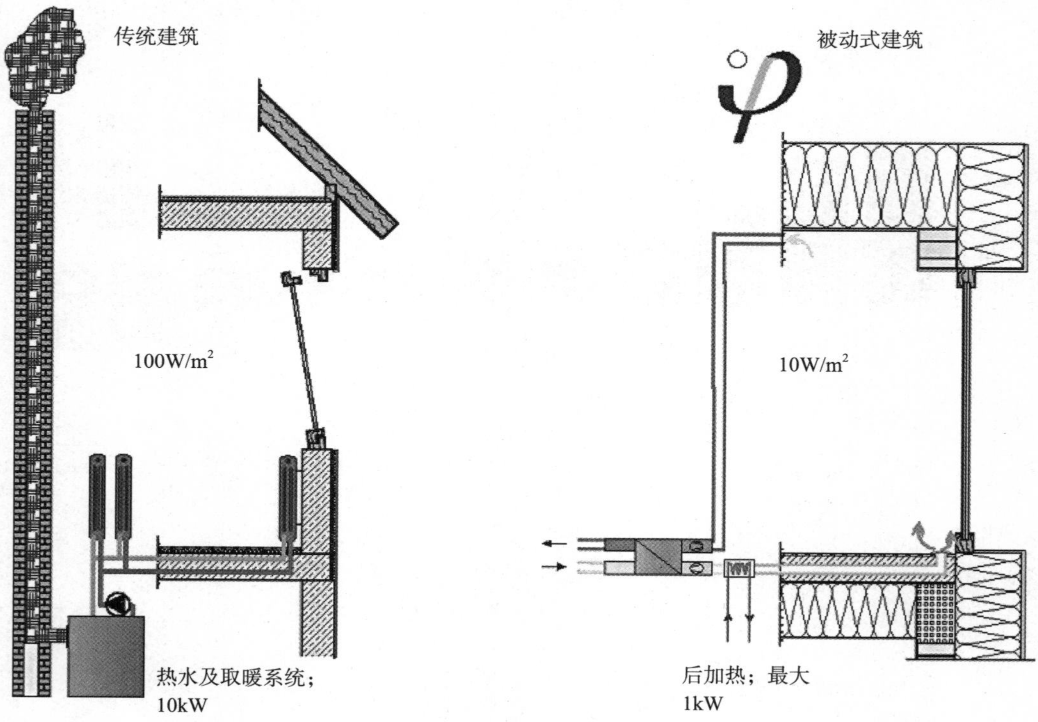
传统建筑
100W/m²
热水及取暖系统；
10kW
被动式建筑
10W/m²
后加热；最大
1kW

图6-3　被动式建筑的外墙保温示例

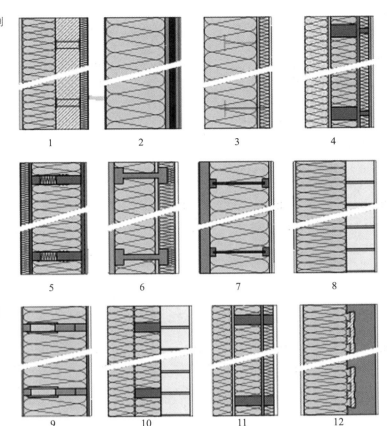

1. 带PS硬泡沫保温模板构件
2. 实木梁作为结构墙
3. 带钢构件的轻质墙
4. 木格栅结构+一体化保温系统
5. 木框架结构
6. 木模板梁式轻质结构
7. 钢混合木梁轻质结构
8. 砖墙+一体化保温系统
9. 木板+轻质格栅结构
10. 砖墙+双层一体化保温系统
11. 木格栅结构
12. 膨胀混凝土模板构件

6-2显示了被动式建筑的基本原则：通风将合乎卫生要求的新风带入室内。在热负荷值必须很低的前提下，这种新风同时用来取暖或制冷，以满足舒适度的要求。

　　做到以下三点，就基本上可以达到被动式建筑的标准。

　　·被动式建筑要有极好的保温，所有裸露于室外的建筑部位包括屋面、外墙、地下室顶板或建筑底板的保温系数需达到0.15W/（m²K），这意味着保温材料的厚度需达到25~40cm，且无冷桥及气密（图6-3）。

　　·外窗必须有极好的保温性能（图6-4），有两层涂层的三层中空玻璃通过被动式获取的太阳能可以超过冬季通过窗造成的热损失［U=0.7W/（m²K）；g≅50%~60%］。

　　·带有高效热回收的可控的通风系统保证室内的空气质量，减少通风带来的热损失。

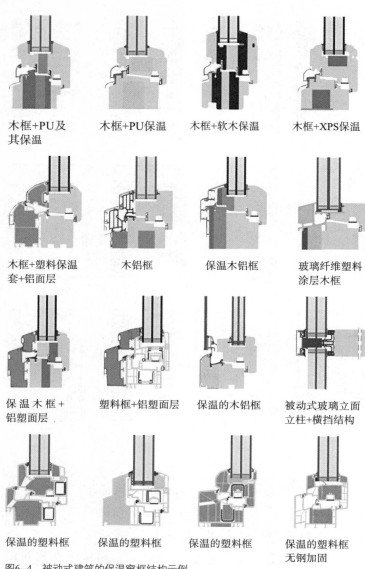

木框+PU及
其保温

木框+PU保温

木框+软木保温

木框+XPS保温

木框+塑料保温
套+铝面层

木铝框

保温木铝框

玻璃纤维塑料
涂层木框

保温木框+
铝塑面层

塑料框+铝塑面层

保温的木铝框

被动式玻璃立面
立柱+横挡结构

保温的塑料框

保温的塑料框

保温的塑料框

保温的塑料框
无钢加固

图6-4 被动式建筑的保温窗框结构示例

## 第二节　鹤石的被动式住宅 Passive House in Kranichstein, Darmstadt

　　为了在黑森州建造德国第一个被动式建筑特别建立了一支科研工作队，由黑森州经济技术部（HMWT）给予经济资助。这支科研工作队共进行了八个课题的研究，其结果直接用于达姆斯塔特的鹤石被动式住宅的建造（图6-5）。经过多次建筑设计方案比较，设计了空气质量控制方案，研制了新的断热型窗框和建筑部件连接处的结构细部及太阳能光热技术和废水余热回收方案，通风和热回收设备的工作效率得到了改善（表6-1）。

表6-1：达姆斯塔特鹤石被动式住宅的结构技术特征

| 建筑部位 | 描述 | U-值W/（m²K） |
|---|---|---|
| 屋面 | 草植被屋面：营养覆土层，过滤纤维网，根膜，50mm厚无甲醛木板；<br>轻质木梁（工字梁，上下翼板为木材，腹板为硬纤维板）；<br>次龙骨；<br>PE隔蒸汽膜无缝粘贴；<br>纸面石膏板12.5mm厚；<br>粗纤维墙纸；<br>乳胶漆；<br>空腔层共445mm用压力吹入矿棉填充 | 0.1 |
| 外墙 | 矿物外饰面，加纤维网；<br>275mm EPS-硬泡沫保温层（当时用两层：150+125mm）；<br>175mm 石灰砂砌砖墙；<br>15mm 满布室内石膏抹灰；<br>粗纤维墙纸；<br>乳胶漆 | 0.14 |
| 地下室顶板 | 在玻璃纤维网上抹灰；<br>250mm聚苯乙烯绝缘保温板；<br>160mm普通混凝土；<br>40mm聚苯乙烯隔声层；<br>50mm水泥砂浆找平；<br>8~15mm 木地板条粘贴；<br>无溶剂封涂 | 0.13 |
| 窗 | 三层保温玻璃填充氪气，Ug值0.7W/（m²K）；<br>木窗框带聚亚安酯泡沫断热（二氧化碳发泡，无氟氯碳FCKW，手工逐一加工） | 0.7 |
| 热回收 | 空气对流/空气热交换；<br>位置在地下室（地下室约9℃），慎重地做好保温和密闭，首次通过电整流的同流电通风器 | 热回收可达80% |

达姆斯塔特市对这个项目也进行了大力支持，将其列入"达姆斯塔特的鹤石实验性住宅建设K7"计划。四个私人业主组建成立这个被动式住宅的联合甲方，四个住宅组成联排式建筑，每个住宅面积约156m²。团队针对这个被动式建筑的首例建筑进行了一系列建筑构件的设计，这些构件之前已经在低能耗住宅中得到了使用。所有的这些措施互相结合，以达到将取暖所需能源降低至几乎为零的目的。当时这些措施由于建筑构件的非市场化还相当贵，黑森州环境部承担了超出普通传统住宅造价的50%。并且为了检测结果，在1991年建造期间还安装了非常精确的测量设备。

图6-5 鹤石的被动式住宅，建筑
师：Prof. Bott/ Ridder/ Westermeyer

图6-6 达姆斯塔特鹤石被动式建筑的
外部温度记录

被动式建筑中所采用措施的重点是防止热量的散失：热保护和热回收是决定性的因素。这个道理到今天仍然适用。更进一步使用太阳能集热器准备热水及用地热预热新鲜空气。鹤石的被动式住宅具备极好的热保温性能，而且至今过了15年这个性能依然维持不变。2001年进行的一次测量热性能表明，这幢建筑的构件是无冷桥的。图6-6为达姆斯塔特——鹤石被动式建筑的外部温度记录，显示出建筑具有极佳的外围护热保温系统。

建筑的热水供给通过真空平板太阳能热水器获得（每户5.3m$^2$及人均1.4m$^2$），通过燃气热水器补足，将近66%的热水能源来自真空平板太阳能热水器。由于准备热水是这幢建筑能耗最大的部分，所以一个高效的用水系统十分重要。热量的分配和循环管道有意设置在外围护结构以内并且有很好的热绝缘。

## 第三节　被动式建筑的发展 Passive Building Development

被动式建筑是一个标准而不是一种专门的建造方式。被动式建筑可以是独立式单栋建筑，也可以是行列式住宅或多层住宅。第一幢被动式独立住宅于1998年建造（布雷滕），1999年在弗莱堡建成了第一幢集合住宅（沃邦社区，图6-7），之后陆续建成被动式居住区（威斯巴登的21幢住宅区、斯图加特的52幢住宅区及汉诺威的32幢住宅区），从1999年到2001年间，受益于高价效被动式住宅作为欧洲标准

图6-7 第一幢被动式集合住宅，德国，沃邦，1999年，建筑师：Common & Gies Architekten

图6-8 被动式社会住宅，德国，卡塞尔，Marbachshöhe，2000年，建筑师：asparchitekten

项目（CEPHEUS，Cost Efficient Passive Houses as European Standards）在欧盟国家如德国、法国、奥地利、瑞典和瑞士等建成221套被动式住宅。

被动式的建造方式首次用于社会住宅是2000年在卡塞尔（40个居住单元，图6-8），在海拔较高的奥地利于2004年建成被动式度假功能建筑希斯特住宅（Schiestlhaus）（图6-9）。

第一幢通过改建达到被动式建筑标准的高层住宅位于弗莱堡的Bugginger大街50号。该建筑建于1968年，高45m，共16层，总建筑面积7 000m$^2$，于2010年完成节能改建。目前已经有过万个被动式新建和改建建筑，主要集中在德国、奥地利、瑞士和意大利北部，其中不乏大型的居住区。

非居住建筑中也有相似的经验，1998年建成了第一幢带有太阳能季节存储设施的被动式办公楼（德国，科尔伯，建筑面积1 948m$^2$，图6-10），较大面积的如乌尔姆市的Energon办公楼（建筑面积约8 000m$^2$，提供420个工作位，图6-11）及路德港的办公建筑Lu-teco（2006年建成，建筑面积10 000m$^2$）。

除了居住建筑和办公建筑，被动式建造方式也适用于如养老院、医院、学校、体操馆、游泳馆甚至是工业建筑。在历史保护建筑的节能改建中，也有被动式的尝试，但工艺和造价较高。

· 关于造价和成本

达姆斯塔特鹤石的第一个被动式建筑完全达到了这个建筑类型的设计期望值。这个项目中由于很多部位单独定制，所以建造成本较高，如何降低建造成本成为一个较为关键的问题。被动式建筑发展的第二阶段即致力于建造低造价被动

图6-9 被动式度假建筑希斯特住宅，奥地利，2004年，建筑师：Treberspurg

图6-10 Wagner & Co Solartechnik 公司的被动式办公楼，德国，科尔伯，1998年

图6-11 Energon办公楼，前部为近地表地热交换管道的进风塔

式建筑。从达姆斯塔特鹤石的第一个被动式建筑建成至今建造成本的增加量降低了近7个指数：从当时的每个居住单元5万欧元降低到今天的6千欧元到1.5万欧元，如果是较大的多层住宅，这个数字还会低，而如果是独立式单栋住宅则是最高的数值。也就是说被动式住宅大家都能承担得起。如果以较适中的未来燃油或天然气价格即6€Cent/kWh为计算基数的化，被动式住宅已经体现了节能带来的巨大经济效益。目前这些燃料的价格已经超过了这个数目，而且还有政府的补助计划。例如KfW银行为建造被动式住宅提供5万欧元低利息贷款。

即使没有这些补助，近年来被动式住宅的建造量也大幅度上升。1999年底德国的被动式建筑有大约300个，2000年底就已经有大约1 000个，而2006大约在6~7千之间。第二代被动式建筑也同样达到了低能耗的指标。

另外，进步并非仅体现在数量上。通过适合被动式建筑使用的更多的建筑产品的市场化，在降低价格因素的基础上，质量也同样得到提高。建成建筑的多样性得到提高，很显然，被动式建筑是一个标准而不是一种专门的建造方式。

## 第四节　被动式建筑实例 Passive Building Examples

实例一：Energon办公楼，乌尔姆，2002年，建筑师：oehler faigle archkom solar architektur

按照被动式建筑的设计原则，建筑的体量十分紧凑，平面为三角形，共5层，立面呈现空间圆弧形，中央为中庭（图6-12和图6-13）。立面的开窗按照建筑室内进光量的要求设计，采用上部反光的组合式遮阳构件。建筑采用钢筋混凝土框架结构，外围护结构为热保温的预制木构件。建筑立面的外保温为35cm厚EPS板，屋面保温层厚50cm。

能量概念包括最大程度降低取暖和制冷需求，有热回收的机械通风装置，混凝土核心激活。44根100m长的地热探测桩可以满足建筑夏季制冷的需求并用于冬季预热新风，其余的热量需求由计算机中心和厨房设施的余热及远程供热解决，屋顶的太阳能光电板可辅助供电（图6-14）。

图6-12 Energon办公楼，底层平面图

图6-13 Energon办公楼，中庭内部

建筑的通风系统保证预处理的新风最大量为29 000m³/h，通过三个进风塔将室外空气吸入28m长、直径1.8m的混凝土地下管道对室外空气进行预热（冷），再经过地热探测桩进一步调温使其达到室温需求。通过热回收装置65%的废气热量被留在室内（图6-15）。

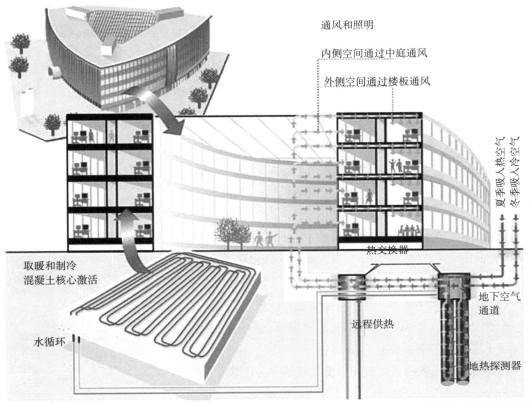

图6-14 Energon办公楼，能量概念示意图

图6-15 Energon办公楼，通风和照明示意图

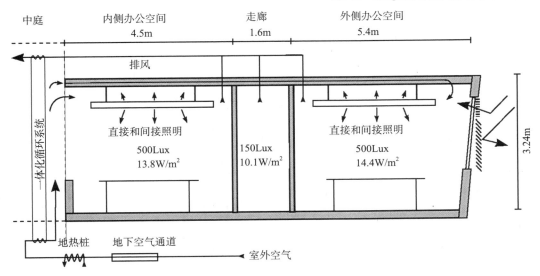

1　3

图6-16　Bugginger 大街50号高层住宅被动式改造
1. 改造后外观；
2. 新建入口；
3. 改造后的外墙

实例二：弗莱堡高层住宅节能改造（Hochhaussanierung Bugginger Straße 50），2010年，建筑师：Roland Rombach

位于弗莱堡Bugginger 大街 50号的高层住宅是第一幢通过改建达到被动式建筑标准的高层住宅建筑。该高层建筑建于1968年，高45m²，共16层，总建筑面积7 000m²。改建措施如下（图6-16和图6-17）：

·将原有住户先搬出建筑，以便重新划分居住单元，将原有的96套住宅增加到139套，减小了户平均面积。

·新建了建筑入口。

·增加建筑外围护结构的保温性能，使其达到被动式

图6-17　改造前（左）后（右）标准层平面图比较

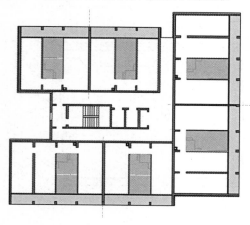

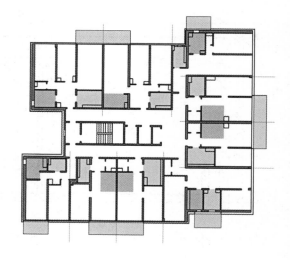

建筑所要求的气密度。具体措施为：将原有阳台变为居住面积，在立面上重新安装与主体建筑脱开的外阳台，消灭冷桥；建筑外墙加20cm厚（U=0.15W/m²K）、屋顶40cm厚（U=0.19W/m²K）、地下室顶板20cm厚（U=0.15W/m²K）的一体化外保温；采用三层中空外窗（U=0.7W/m²K）。

· 屋顶安装太阳能光电板（功率25kW）。

· 排风系统中加入热回收装置。

· 采用远程供热。

通过以上措施，建筑的取暖能耗从原来的68kWh/m²降低到改造后的15kWh/m²（被动式建筑的取暖能耗标准）。改建后的住宅中每户均安装了能耗计量表，德国弗劳恩霍夫研究院在三层不同楼层的29个住宅中安装了监测设施，用于收集使用过程中的能耗数据，为今后的建筑节能改建提供依据。

实例三：吕嫩室内游泳馆（Hallenbad Luenen），2011年，建筑师：nps tchoban voss GmbH & Co. KG

传统的室内游泳馆能耗很大，其主要原因是室温较高、通风热损失较大及（热）水消耗大。据2012年统计数据，德国有3 448个各类室内游泳馆需要进行节能改造，吕嫩游泳馆是德国首个完成被动式节能改造和扩建的项目（图6-18）。

建筑体量分三块：新建建筑面积约5 000m²（含地下室）、原市远程供热站建筑面积约2 100m²（通过部分拆除和部分改建成为游泳馆的一部分）、原有保留配电房（仅改造立面，但功能上不属于游泳馆）。

图6-18　吕嫩室内游泳馆鸟瞰

建筑中需计算能耗的总面积为3 912m²，共5个泳池，面积为850m²，其中一个亲子戏水池（温水）面积175m²，学习用池面积100m²，还有两个共9道的竞技池（长25m、面积575m²）。建筑进行了分区设计，由于不同区域对温度和隔声的要求不同，相应区域之间通过玻璃隔墙隔开。通过使用大面积的墙面和顶棚的泡沫玻璃板，大厅的声学效果极佳。亲子戏水区的休息区有躺椅，与入口大厅之间用玻璃墙相隔（图6-19～图6-23）。

建筑完全通过通风来取暖，无暖气装置，也没有地暖，符合被动式建筑基本的设计原则：通过密闭的外围护结构（U=0.15W/m²K）使得热损失极大降低，尤其是透明的建筑部位（U=0.7W/m²K），这样可以产生较高的表面温度（室内空气温度均匀，温差小，室内舒适度较高），游泳馆室内空气可以维持湿度较大（达到64%而不会产生冷凝水），如此可以极大地降低池水蒸发及去湿带来的热损失。通过使

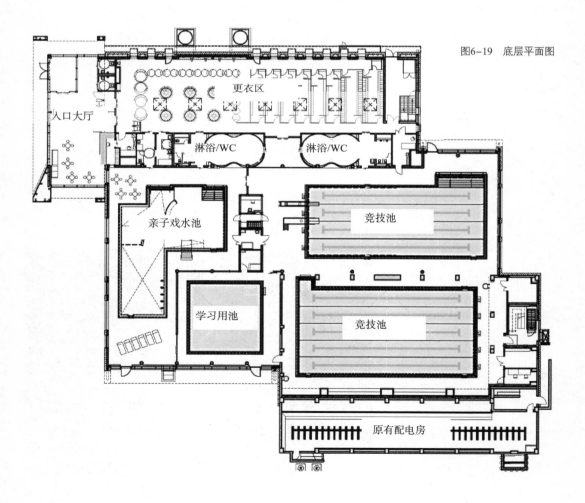

图6-19　底层平面图

图6-20　入口外观

图6-21　入口大厅

图6-22　原远程供热站改建后的竞技池（5道）

图6-23　新建竞技池（4道）

用高效的热回收装置及智能通风控制极大地降低了通风热损失。通过避免产生较大的循环空气量可以降低电耗。

此外，建筑利用远程供热站的空间热和废气热为空间供热，以降低初级能耗。其次使用高效的照明、泵、马达等电器，水技术方面也采用了多项优化措施。

屋顶上安装了387块太阳能光电板，功率为91kWp，供建筑自用及输入电网（图6-24）。

图6-24　被动式节能设计

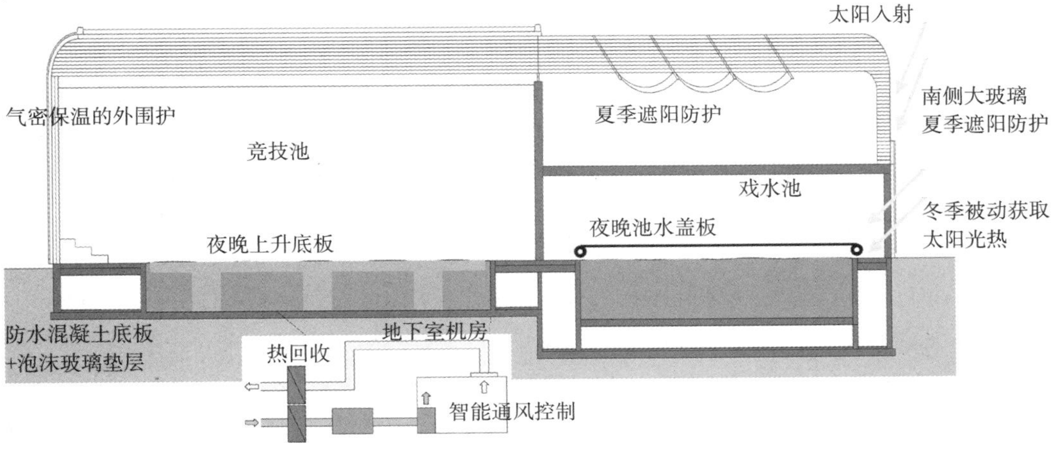

太阳入射

气密保温的外围护

竞技池

夏季遮阳防护

南侧大玻璃
夏季遮阳防护

夜晚上升底板

戏水池

夜晚池水盖板

冬季被动获取
太阳光热

防水混凝土底板
+泡沫玻璃垫层

地下室机房

热回收

智能通风控制

实例四：法兰克福Hoechst医院扩建项目，设计：2011年，建筑师：Wörner und Partner

医院建筑是所有建筑类型中能耗最高的，每个床位的能耗就赶上一幢老式的大号独立住宅（德国医院建筑平均取暖能耗为250kWh/m²a+电耗130kWh/m²a）。因此医院建筑的节能设计非常重要。法兰克福Hoechst医院扩建项目的设计目标是按照被动式建筑的标准建造一所舒适度高且能耗极低的医院。

与被动式住宅建筑不同的是，医院建筑对卫生的要求较高，因此换风量较大，通风带来的热损失较大。医疗技术装备（磁共振扫描器、伦琴射线仪、消毒站等）和建筑技术设备（通风设施、电梯、厨房）使建筑内部热负荷较高。因此不仅对建筑外围护结构需按照被动式建筑标准设计，对医疗和建筑技术的优化设计更加重要。

法兰克福Hoechst医院扩建项目遵循被动式建筑的设计原则，建筑体量十分紧凑，总建筑面积7万m²，地上6层，地下一层。四个行列式建筑南北朝向平行布局，与之间的连接体形成多个院落，使建筑的所有主要功能空间均有自然采光。按照被动式的原则，房间内不需要暖气装置，可以设置落地窗，极好的室外视线有助于病人恢复健康（图6-25～图6-27）。

图6-25　法兰克福Hoechst医院扩建项目模型

图6-26 法兰克福Hoechst医院扩建项目入口立面图

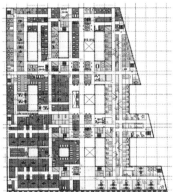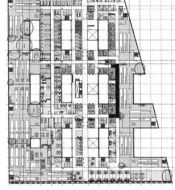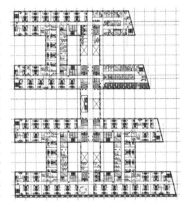

图6-27 1、2、4层平面图

新的医院建筑利用生物燃气做燃料的热点联动装置供热，通过混凝土核心激活为空间提供热量。室温的控制根据需要进行，个别空间安装有小型空气加热器。利用存储的雨水蒸发吸热为进入空间的新鲜空气降温，混凝土核心激活为空间制冷。室内通过医疗设备及厨房设备产生的热负荷通过热泵输送至需要热量的地方，同时降低了空间热负荷。

临时被使用的房间利用相变存储材料（PCM）作为缓冲，不需要辅助能源。在内墙的粉刷层掺入石蜡，在24℃即融化，吸收热量。室温不再升高，直到所有的石蜡均液化。夜间石蜡凝固，将白天吸收的热量释放，如此可以为灭菌室提供日间的制冷和夜间的取暖能量。

医院建筑的换气率是0.1h⁻¹，传统医院建筑的通风量很大，但热回收率较低（60%）。达到新风量的要求可以降低通风量，提高热回收率到85%甚至更高。中央可以极大地降低加热空气所需能量（当室外气温降至0℃时，人体和机械产生的热量还足够被动式医院建筑取暖）。

所有的护理和治疗区的空气湿度需保持在35%～60%，

传统的维持湿度方法如喷雾式不满足卫生要求，蒸汽式能耗太高。被动式设计中首先考虑保湿、湿气存储和相变，避免通过不气密的建筑外围护结构、过高的新风量使得空气湿度过低，另外应该对排出室外的空气进行湿气回收。将建筑作为湿气的存储器是一项十分环保的措施（由于吸湿，医院建筑夏季末大大重于冬季末）。

　　基本电负荷由热电联动装置提供，其次通过智能用电管理避开用电高峰期，太阳能光电板为建筑发电。用外部服务器可以取消内部机房。

　　实例五：法兰克福Riedberg小学，2004年，建筑师：Architect 4a

　　Riedberg小学建筑面积8 785m$^2$，共3层，是德国第一个按照被动式标准建造的学校建筑。总体布局呈U形，包括北翼、西翼和南侧的幼儿园，由位于基地东北的体操馆（按低能耗标准建造）围合，形成一个内院操场（图6-28～图6-33）。

　　学校部分共16个班，供400名学生上课使用。建筑采用热质较大的外围护结构承担冬夏季热缓冲的功能，尤其是50cm厚的混凝土底板。为避免建筑外围护结构与外界发生热交换，在外围护结构与纤维混凝土板饰面层之间采用28cm厚矿棉保温层及空气层。饰面层为干挂式，采用U形

图6-28　学校总平面图
图6-29　学校入口外观

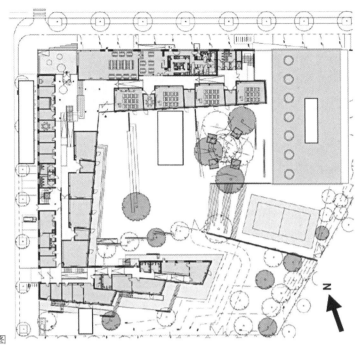

图6-30　学校底层平面图

图6-31　学校剖面图 图6-32　屋顶天窗做法

图6-33　学校内院（右侧为体操馆）

不锈钢构件和8mm厚隔热体，保证外围护结构的气密与保温。建筑底板之上是10cm厚的聚苯乙烯保温板、珍珠岩找平层、干砂浆及隔碰撞噪声层。屋面采用30cm厚的保温层同时找坡。

外窗采用3层中空玻璃，屋顶的天窗也是保温性能极佳，采用3层中空保温玻璃加通风层再加外围护玻璃罩。

25名学生加一位老师的人体释放热量足以保证建筑冬季不用暖气而达到舒适的室内温度。为防止极端天气出现，每个教室采用全自动独立式小型取暖锅炉（2套60kW，用木屑球燃料）。中央通风系统带有热回收装置，屋顶安装了太阳能光电板。

建筑建成使用后经过3年的监控测试和改善调整，其能耗指标令人满意，与30所老学校建筑相比节能88%，因此法兰克福市决定今后所有的公共建筑均按照被动式标准建造。

## 第五节　主动式建筑 Active Building

简单来说，所谓的主动式建筑就是一个建筑本身或者与其他项目结合可以产生比自身能耗还多的能量。如果建筑的内部或外部情况发生变化，影响到建筑的能耗或用户的使用舒适度，主动式建筑应该能"主动"应对。主动式建筑可以和其他建筑、产能体、蓄能体和耗能体一起形成一个自组织的网络，实现最大化的能量自给自足。

可以说，主动式建筑是基于被动式建筑的一个发展，在目前已经建成或正在建设的主动式建筑都体现了这一点。主动式建筑的设计首先要遵循被动式建筑的设计原则，即降低建筑本身的能耗，其次，要想方设法使建筑产生更多的能量，可以利用太阳能、废水中的热能回收、生物能、风能等。

2015年刚建成的法兰克福Speicher大街多层城市住宅（建筑师：HHS Planer + Architekten）是第一幢规模和用户数量较大的主动式居住建筑。建筑基地原来是市中心一块狭长的停车场，长约150m，进深仅9m，北侧朝向有树的内院，南侧朝向交通量较大的街道——这里安装的太阳能光电板正好还可以起到隔离噪声的作用（图6-34和图6-35）。

建筑共8层，一层地下室，总建筑面积11 250m$^2$。由于狭长的平面，建筑的进深很小，除了位于中间的卫生间外，所有的空间均有极佳的自然采光。底层为商业及共享的电动汽车停车和充电处（利用屋顶和立面太阳能光电板发的剩余电力充电）。建筑的二层以上为住宅，共74套，大小和平面各异，所有的住宅均有室外平台或阳台。

建筑中仅承重结构和分户墙采用钢筋混凝土，外墙和屋面均采用木质保温一体化预制板。立面共安装350块太阳能光电板，屋面上安装有750块太阳能光电板并朝南倾斜，以得到最佳的阳光入射角，全年的产能约300 000kWh，过多的电能不像被动式建筑那样输入电网，而是存储于位于地下室的锂电池组中。建筑是按照被动式设计原则建造的，具有极佳的外保温和极佳的自然采光。建筑的热能供应来自于城市地下废水管道的热回收装置（60m长）和热泵。

每套住宅中均有一个控制面板——用户与建筑技术的唯一连接点，此外在建筑中几乎看不到技术的痕迹。通过控制面板，用户可以了解本户的能耗及在本楼中的排名和太阳能光电板的产能情况，并且可以通过手机

图6-34 法兰克福Speicher大街多层城
市住宅鸟瞰

图6-35 法兰克福Speicher大街多层城
市住宅沿街立面

图6-36 法兰克福Speicher大街多层城市住宅能量管理示意图

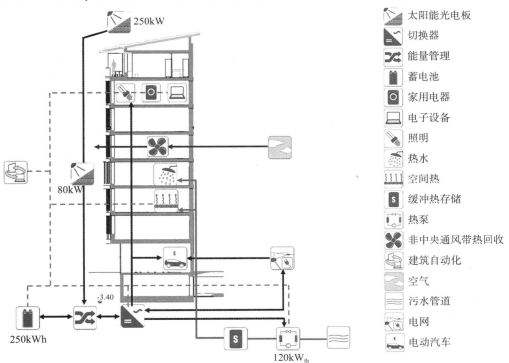

太阳能光电板

切换器

能量管理

蓄电池

家用电器

电子设备

照明

热水

空间热

缓冲热存储

热泵

非中央通风带热回收

建筑自动化

空气

污水管道

电网

电动汽车

上的软件，随时监测和控制家用电器的开关。如在太阳光照正足的午间开启洗衣机，使用的是"自家"太阳能发的电，因此是免费的（图6-36）。

将于2016年完工、同样是由HHP Planer + Architekten设计的位于法兰克福Riedberg的多层住宅建筑（总建筑面积1 600m²，17套2～5室不等户型）甚至能生产多于自身能耗60%的能量（图6-37）。与Speicher大街的项目类似，这幢建筑同样是根据被动式建筑原则设计，在立面和屋面上安装尽量多的太阳能光伏板，采用热泵和相变存储为建筑进行室温调节，存储多余电能给共享的电动汽车充电及采用智能能耗管理。

图6-37　法兰克福Riedberg多层主动式住宅

# 第七章
## 节能建筑整合设计实例

INTEGRAL
PLANNING
EXAMPLES OF
ENERGY SAVING
ARCHITECTURE

节能建筑设计必须是一个整合的过程，综合前面章节的内容可以将其归纳为三个大的方面：基地、建筑外围护结构（表皮）和建筑技术。具体如下（图7-1）：

·基地的条件 Conditions of the Standort

·平面布局的分区 Zones of the floor plans

·对建筑表皮的要求 Demands to the building skin

·取暖和制冷 Heating and cooling

·通风概念 Aeration concept

·自然采光 Daylight using

·隔声 Sound insulation

·可持续的给排水系统 Sustainable water supply and drainage

·降低用电需求 Reducing of the electricity demands

·费用计算（投资和运行费用）Costs calculation（Investment and running costs）

建筑设计是一个涉及面极广的复杂过程，建筑的节能设计也是如此，而建筑方案的两大支柱即在综合考虑与其相关的城市规划、环境生态、政治文化背景、建筑朝向、空间组织和功能生成及能量、材料和造价等因素后的结构方案和能量方案。整合设计的过程涉及上述细分学科和专业团队。当然，甲方的认可、建筑最终用户的配合则是能量设计最后

图7-1 建筑及其节能设计的复杂性

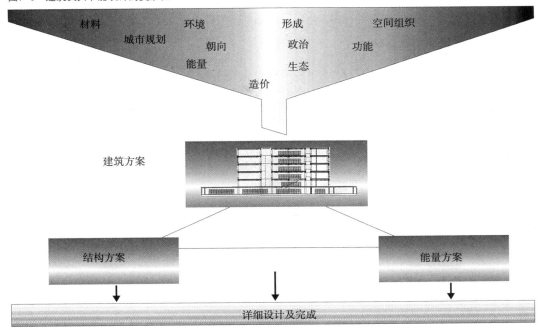

图7-2　德国环境部办公大楼鸟瞰

图7-3　德国环境部办公大楼总平面图

得以成功实施及建筑正常运行的保证。时至今日，全世界已经建成的优秀节能建筑案例已经举不胜举，为了学习之便，本章以三个经过详细考察的建成实例阐释如何将这些因素结合起来实现建筑的目的。

实例一：德国环境部办公大楼（Umweltbundesamt）

项目概况：2005年建于德骚。建筑师：sauerbruch hutton Architekten。总建筑面积共39 787m²，包括办公楼（主体建筑）、图书馆（原燃气设备工厂改建）和一个独立的食堂建筑（图7-2）。

建筑的基地位于原Gasvietel北部，即德骚市从1855年工业化开始的发源地，包括煤气厂和其他一些设备生产工厂，1945年被炸毁，战后被重建。1991年最后一家工厂停工，1995年开始陆续拆除原有空置厂房（图7-3）。

基地的西侧是通向火车站的铁路，北侧是公共开放共享空间，东侧是建于19世纪的住宅区，南侧是一些不同种类的居住及商业建筑。建筑设计本着"city in the landscape, landscape in the city"的原则出发，用一个呈曲线扭转的U形环绕的办公建筑主体，配合基地的形状，与建筑的周边相融合。四层高的办公主体空间围合出形状富于变化的内部中庭，将绿化引入建筑，同时将室内的绿化空间拓展到室外，与城市空间贯通（图7-4和图7-5）。

建筑从多项设计和技术的角度完成所设定的建筑节能目标，其空间组织方式是节能的主要手段之一。图7-6总结了这些综合节能措施。

1. 降低通过建筑表皮产生的热损失：

a. 紧凑的建筑体型，利用中庭作为热缓冲区；

b. 外围护结构的高度保温性能。

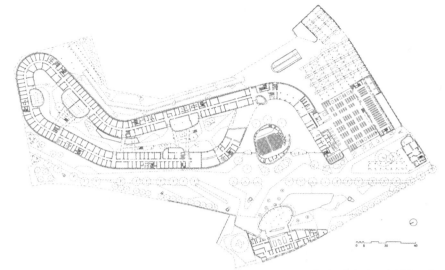

图7-4　德国环境部办公大楼底层平面图

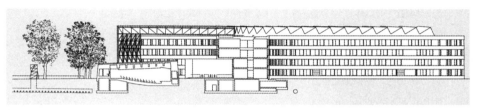

图7-5　德国环境部办公大楼剖立面图

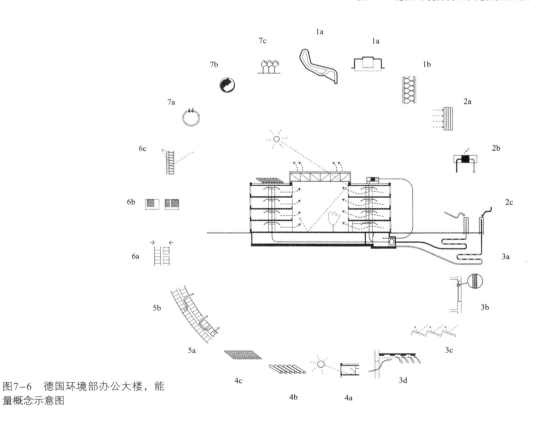

图7-6　德国环境部办公大楼，能
量概念示意图

145

2．降低通过建筑通风产生的热损失：

a．保证建筑的密封性；

b．排风之前将热量置换出留在室内；

c．通过地下通道预热新风（近地表热交换）。

3．优化夏季建筑的热防护：

a．通过地下通道预冷新风（近地表热交换）；

b．三层隔热玻璃的外遮阳防护；

c．中庭玻璃顶设置高效内遮阳；

d．夜晚新风冷却暴露的建筑混凝土承重构件。

4．最大化利用太阳能：

a．灵活的办公室遮阳防护使冬季阳光可射入；

b．主动式利用太阳能，太阳能集热器；

c．主动利用太阳能光电板。

5．利用中庭调节建筑室温：

a．在办公室朝向中庭一侧：通过开窗或"溢流"构件向中庭内自然通风；

b．在办公室朝向室外一侧：通过"溢流"构件向走廊、中庭内自然通风。

6．优化自然采光：

a．相对较浅的建筑进深（11.8m）；

b．优化的窗墙比：朝向室外一侧约35%，朝向中庭一侧约60%；

c．利用表面反射天光。

7．其他生态措施：

a．填埋层甲烷提供远程供热；

b．使用循环材料和生态的可降解和再利用的建材；

c．屋顶绿化。

· 地热交换器

一项重要的节能措施为建造了德国当时最大的地热交换器，总长5km，深度为3m，新风在进入建筑之前先通过这些埋在地下的管道，与相邻的土壤进行热交换，从而被加热或冷却。通过使用地热交换系统，替代了传统的制热（冷）设备，建筑取暖能耗大大降低（图7-7）。

地热交换装置的冬季热效率为86 000kWh/a，夏季的制冷效率为125 000kWh/a。通过热模拟程序对中庭顶部的开启及建筑夜晚的交叉通风进行控制和优化，这样就降低了中庭

图7-7 地热交换器中的测量装置

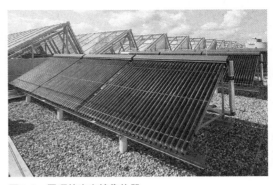

图7-8 屋顶的真空管集热器

在夏季的温度，并避免与中庭相邻的办公空间过热。

德骚的深层地下水位于地层深40~100m处（与浅层地下水没有接触），这里作为季节性热存储媒介被激活。需要注意的是，夏季输入的热量需要等于冬季提取的冷量，这可以通过全年的计量和调整做到。

· 太阳能辅助制冷

屋顶上共安装354m²的真空管太阳能集热器，全年均可加热达100℃的热水用于吸收式制冷机为计算机房等空间制冷，提供制冷机所需能量的80%（图7-8）。

在中庭的Z字形屋顶玻璃朝南倾斜面上安装了太阳能光伏板，年产电量为24 173kW/h，同时还起到玻璃顶的遮阳作用。

· 建筑通风

建筑在可能的情况下利用窗进行自然通风，利用余热取暖和制冷（图7-9）。新风通过地热交换器进入安置在地下室的四台空气处理装置，再通过位于楼梯间的竖向风井到达楼层使用空间。位于中庭一侧和靠外墙一侧的空间通过不同的风井供给新风（可分开控制）。

办公室出风通过位于门侧的错位槽口（进行了特殊的吸声处理，图7-10）进入走廊。冬季，走廊里的空气被吸入位于五个不同位置的回风管井，排出前通过热回收装置与新风进行热交换。夏季则直接进入中庭空间。

邻中庭一侧的办公室几乎全年都可以通过开窗进行自然通风。由于有顶的中庭使得开窗不受天气限制，甚至夜晚也可以保持开启。由于街道上的噪声较大，在白天工作时间不能打开西立面上的外窗进行自然通风，尽管这些窗均可手动开启。这些办公室在白天均通过机械通风。建筑东侧无噪声干扰，一年内大多数时间可开窗进行自然通风。

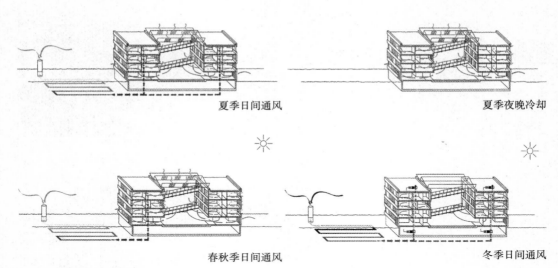

夏季日间通风 　　　　　　　　　　　　　夏季夜晚冷却

春秋季日间通风 　　　　　　　　　　　　冬季日间通风

图7-9　建筑通风示意图

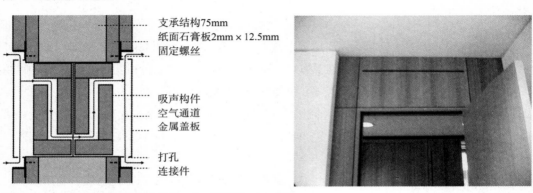

支承结构75mm
纸面石膏板2mm×12.5mm
固定螺丝

吸声构件
空气通道
金属盖板

打孔
连接件

图7-10　门上部和外侧的"溢流"构件。左：剖面图；右：照片

　　夏季夜晚，当中庭内部气温高于室外，将办公室朝向室外的窗及通向走廊的门打开，室外的冷空气进入办公室，再流向走廊，进入中庭，再通过中庭打开的顶部天窗排出室外，带走室内的热量。

　　图书馆通过位于中央的对流通风管道通风。局部的空调机械辅助一些特殊区域如计算机中心、报告厅、会议室等进行过滤、制冷和取暖等空气调节，而回风均带有热回收装置，热回收率达70%。由于位于中庭一侧的办公室空间通过外墙的热损失较小，所以其外墙的保温层较薄，而与其相对的直接朝向外侧的外墙保温层则较厚（图7-11）。

　　·自然采光

　　建筑的自然采光模拟分析图显示，邻近中庭一侧的某

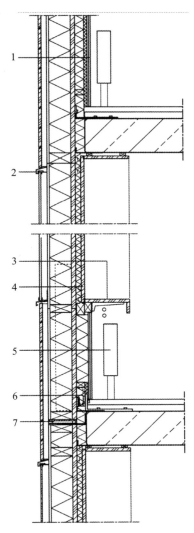
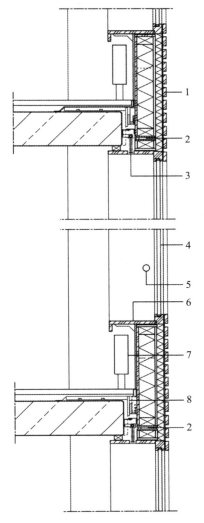

1. 胸墙（从内向外）
   纸面石膏板25mm
   木衬板63mm，之上弹簧轨道27mm，之间沥青纤维
   保温层90mm
   水泥木纤维板29mm
   层压板木框，之间沥青纤维160mm
   石膏纤维板15mm
   支承结构和空气层40mm
   松木面板20mm（内饰面），B1保护层
2. 窗滴水板：镀锌铜片，通长
3. 窗框四周兜通：松木镶面细木工板，亚光清漆
4. 面板做法如胸墙，但：
   内:细木工板装于弹簧轨道上，松木镶面，亚光清漆
   外:背部空气层52mm，10mm单层安全玻璃，背部彩
   色镀釉，上下由U形铝构件固定
5. 平板取暖器
6. 立面构件固定
   角钢，F30，与滑动槽轨固定
7. 立面构件分隔

1. 胸墙（从内向外）
   纸面石膏板，螺丝固定于16mm定向刨花板
   镶面层压板木框，之间为120mm沥青纤维板保温层
   石膏纤维板19mm
   木衬板，之间三聚氰胺树脂泡沫50mm
   松木面板20mm（内饰面）
   B1保护层
2. 立面构件分隔
3. 内置防眩光装置
   百叶宽25mm，可手动调节
4. 松木窗，亚光清漆
   隔热玻璃
5. 护栏，不锈钢管
6. 窗框兜通，松木镶面细木工板，亚光清漆
7. 平板取暖器
8. 立面构件固定
   角钢，缝F90矿棉保温层，上下通长铁皮防水板

图7-11  德国环境部办公大楼墙身剖面详图。左：外墙；右：中庭一侧

些办公室的采光尚需改善——楼层越低，室内光线越暗。为改善这些空间的自然采光效果，采取了一系列措施，如中庭顶部选用高透光率的玻璃，中庭的铺地采用浅色材质，在相应的位置设置小水池及额外的反光物以改善相邻室内的进光，增大临中庭的立面开窗面积，窗扇设计的高度直到天花板（图7–12）。此外，办公室内的天花板、墙面及家具的颜色均选用浅色。

图7–12　光线充足的中庭内部

与之相反，靠室外一侧的办公空间则需要更多的遮阳防护，安置了遮阳帘，其上部1/3与下部可分别控制，在遮阳的同时保证室内有足够的自然采光（图7–13）。

·材料选择

大楼所有材料的选用均基于经济、技术、美学的考虑，更为重要的是生态和环保的标准。除了需要考虑建筑构件生产和运行的能耗，还要考虑其回收利用及（或）拆除和运输的能耗，避免使用含氯、含氯氟烃和杀虫剂等有害物质的材料。

整个立面使用木板饰面，来自于可持续的林业；彩色的窗间墙是背部彩色喷涂的玻璃（图7–14和图7–15）；窗台的泛水板使用镀锡铜板而非电镀

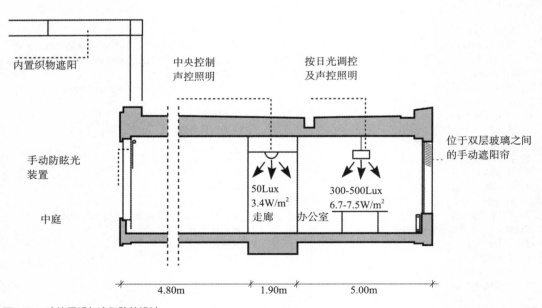

图7–13　建筑照明与遮阳防护设计

图7-14　东立面

图7-15　主入口（西）立面

钢板，地面选用天然橡胶，完全避免使用带有溶剂的终饰面和铝材，均是严格按照环保和节能要求来执行。

实例二：克里斯巴赫论坛（Forum Chriesbach）

建筑概况：2006年建于瑞士。建筑师：BGP。总建筑面积8 533m²。

瑞士联邦水科技研究所（Eawag Swiss Federal Institute of Aquatic Science and Technology）是一个水领域的研究、教育和咨询机构，目的是水资源的可持续利用、支持水利基础设施及引起公众、社会、生态和经济各界在这些领域的关注。Eawag把自身看做一个研究与实践的桥梁，基于此，克里斯巴赫论坛建筑本身要体现可持续这一点。

· 基地

克里斯巴赫论坛建筑位于苏黎世边上的小镇杜本多夫，主要是管理和科研功能（图7-16～图7-18）。建筑的北部是一个水花园，从底层的餐厅就餐位可以直接观赏花园的美景（图7-19），天气允许时也可在花园内进餐。除了观赏和游憩的功能，花园还同时从生态和环保的角度被设计。水池的

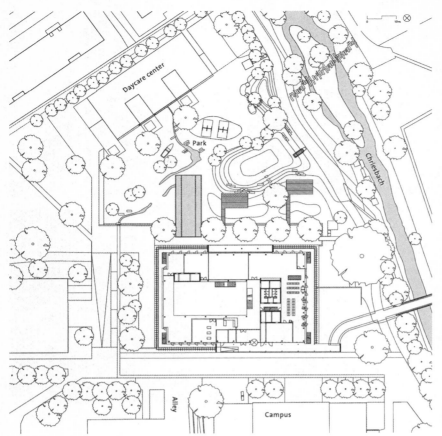

图7-16　克里斯巴赫
论坛总平面图

图7-17　克里斯巴赫论坛外观

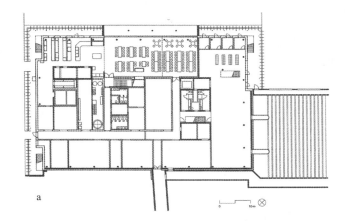

图7-18 克里斯巴赫论坛平面图：

a. 底层平面图

b. 3层平面图

c. 5层平面图

a

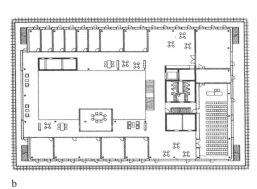

b

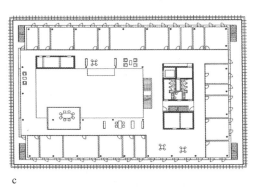

c

图7-19 餐厅内部

容量80m³，存储从屋面和地表收集的雨水，主要用于卫生间冲厕。此外，屋面的雨水收集和处理每年为建筑节省约400~500m³饮用水。

· 建筑设计

克里斯巴赫论坛的主要功能是办公和科研，共提供了165个办公位，一个可容纳80~140人的报告厅，两个培训空间各容纳30~40人，7个会议室共有110座，还包括一个图书馆和一个内部餐厅及若干技术用房。

建筑的形体是一个紧凑的"方盒子"，内部是一个开敞气派的中庭。透过中庭的玻璃顶，阳光（特别是冬季）射入中庭内部，使建筑可以被动利用太阳能。5层高的使用空间环绕中庭，一些会议室出挑于中庭内部，有如悬浮的"盒子"。中庭的底层除了入口接待空间还提供了展览和举办活动的空间。一个水分子模型悬挂于中庭上方，中庭内的楼梯丰富了交流空间，增强了中庭的开放性（图7-20和图7-21）。

建筑的主体结构为钢筋混凝土，是空间内的蓄热体；办公室隔墙使用黏土，可以均衡空间的湿度。建筑的四周为环绕的外廊，既是逃生通道，同时也是蓝色的玻璃遮阳板的支承结构。遮阳板可以根据阳光的强弱转动方向以控制室内的进光量（图7-22）。

建筑外立面由三个部分组成：墙体、"永久型护栏"和百叶窗系统。墙体厚

图7-20　中庭内部

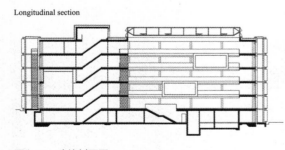

图7-21　建筑剖面图

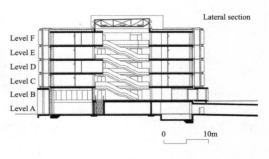

图7-22  立面上可调控的玻璃遮阳板

45cm，由预制的木框板材和30cm厚的矿物棉绝缘质制成。外表面是蓝色铱金混凝土板，可以在夏季帮助通风和散热。窗框为木质框架，玻璃窗使用三层中空玻璃。

百叶窗板呈水蓝色，由1 232片玻璃组成，每片高2.8m，宽1m，厚24mm。这种窗板由两层玻璃碾压制成。玻璃整体呈蓝色，内侧带有透明圆点，这种设计有利于接收阳光。

·能量设计

首先建筑的外围护如屋顶、外立面和地面的保温性能极好，中庭顶部为双层天窗（图7-23）。建筑内部划分为两个气候区：舒适区和缓冲区。舒适区包括办公室、会议室等，该区域通过机械通风使室温控制在适于工作的范围内。缓冲区包括中庭及与中庭相连接的各层走廊、公共讨论休息区等，没有持续的通风和直接的温度调控，因此缓冲区内的温度允许有较大的波动。建筑内的两个气候区通过隔热的玻璃隔断分隔开。冬季，热量用于给舒适区供暖，但缓冲区由于接收被动式太阳能且由周围温暖空间围护着，其内部并不冷。

舒适区的通风和取暖均由中央控制，室内的热源如工作人员、电脑、照明和日照等足以在冬季为建筑供暖而无需传统的供暖设备。换风是不间断的，低速且安静，基本上觉察不到。冬季，新风通过地热交换器及中央机房被预热，并与出风进行热交换。需要的话还可进一步通过热水存储器进行预热（图7-24）。这些存储器通过太阳能集热器、厨房冷却产生的余热及必要时热网供热。

图7-23 双层的中庭玻璃顶

图7-24 位于地下室的地热交换器新风口

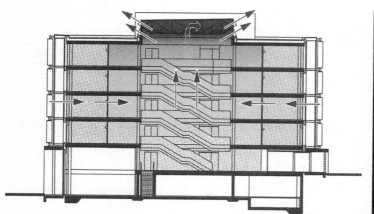

图7-25 夏季夜晚交叉通风示意图

图7-26 分离式坐便器

夏季，新风通过地热交换器被冷却后输入建筑内部。较热的天气下，建筑控制会启动夜间通风系统：自动中庭顶部的天窗，这些天窗位于中庭双层结构的侧面，由于上部和双层玻璃结构内部的空气温度高于室外气温，上升力会吸拔下面的空气；同时，建筑外侧的窗和舒适区朝向中庭的玻璃分隔上可开启部分被自动打开，形成室外冷空气的进风通道。这些进入室内的冷空气吸收室内在白天积聚的热量，为建筑降温，而温度升高的空气则继续上升，通过屋顶开启的中庭侧窗被排出，这样整夜循环，进行交叉通风（图7-25）。这个给建筑降温过程所需要的是温度监控和自动开启窗扇的控制系统。

建筑使用无水小便器和大小便分离的坐便器。小便被收集起来用于科研。这样不仅减少了对环境的负荷，还可提取氮、磷等作为农业肥料（图7-26）。

图7-27 屋顶的真空管集热器

　　屋顶的太阳能光伏板年发电约70MWh，可覆盖建筑电耗的1/3（不含服务器用电量）。太阳能集热器的年产能约合24～26MWh，基本相当于建筑供热所需的能耗（图7-27）。

　　实例三：BedZED零能耗社区 Beddington Zero Energy Development

　　2002年建于伦敦南郊的Beddington零能耗社区（建筑师：Bill Dunster），总建筑面积10 388平方米，共有82幢建筑单位，其中有单元住宅、跃层住宅以及联建住宅和约2 500平方米办公面积，是英国Zero Energy Development的一个项目，也是英国最大的混合功能的零碳社区，旨在建设零碳社区，提倡并支持环保的生活方式（图7-28、29）。

图7-28　BedZED零能耗社区总体布局

图7-29　BedZED零能耗社区总体形象

图7-30　住宅与办公空间之间的
连接部位以及屋顶花园

BedZED建成于2002年，成为可持续建筑的新标准。小区没有占用农耕用地，而是建在轻污染工业用地上。

这个社区的零碳设计是从总体的使用计划开始的。英国典型家庭的碳足迹分配为三分之一由于房屋取暖和制冷、三分之一用于私人汽车出行和上下班交通、三分之一用于食物供给，这些食品通常要经过三千多公里的运输才到达餐桌。基于此，BedZED的零碳计划是设计一个混合功能的社区，使基地的容积率达到市郊居住区区的密度，但居住质量却得以提高，每户均有花园，和足够的公共空间。为实现这一目标建筑的居住空间均朝南、北侧设置工作空间，其屋顶用做南侧住宅的花园或室外平台。屋顶种植土厚度为30厘米，最小花园面积保证不低于20平方米。这样同时为北侧的办公空间提供足够的天光和屋面保温（图7-30）。建成满负荷使用五年后，调查显示居民的满意度极高，混合功能没有带来不便，相反给社区带来活力。

建筑节能的策略是应用被动式建筑措施和成熟的成本高效的主动式技术相结合，再提供一系列建造过程控制严格限制工程对环境造成的影响。社区的供热系统动力来自生物质，基地内建有污水处理站和雨水收集系统，建筑通风依靠自然通风。具体体现在：

·所有的居住和办公空间的取暖和热水供应所消耗的能量均来自可再生能源

图7-31 彩色的"风罩"成为社
区建筑醒目的形象特征

· 建筑的结构按照被动式原则建造，外墙、屋面和地面的U值低于$0.1\,W/m^2K$，窗和玻璃采光顶的U值低于$1.2\,W/m^2K$

· 设计使用了风力驱动的带热回收的通风系统。建筑内部自下而上有贯通的通风井，其上部安装可随风向转动的有吸风作用的"风罩（wind cowl，图7-31）"。

· 建筑材料所初始能量平均值（含制造运输成本）不高于每平方米700kg二氧化碳排放量，这个数值也包含了太阳能光伏板和集热器的费用。

· 使用回收利用的材料量不小于总材料用量的25%

· 所使用的新木料的75%是有生态林业证书的

· 仅在不可避免处（电缆）使用有机塑料

· 所有的建筑垃圾均分离进行回收处理

· 建筑使用节水卫生设备，回收的雨水用于冲厕和灌溉，室外路面采用渗水型铺地，尽量将雨水留在基地内

· 社区支持环保出行的理念，设计每户0.5个停车位，1.5个停自行车位。每40户共享一台车，以及利用屋顶的太阳能光电板为电动汽车充电，每10户一个充电桩。

BedZED零碳社区经过多年使用的结果评估，虽然有些措施如生物质的使用不尽如人意已被燃气取代、废水处理装置不能有效工作，使社区的碳足迹值仅为1.7，没有达到预期的1.0，但是远远低于英国的平均水平3.0。作为一个高密

度、低造价和相对较高居住水平的近郊混合功能型居住区，
BedZED无疑是一个成功的范例。

图7-32 社区的能量以及节能设计

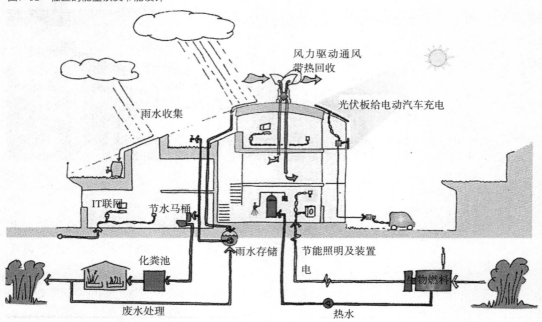

图7-33 建筑被动式节能设计

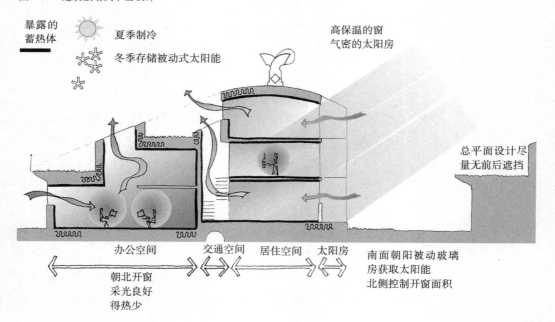

## 参考文献 References

[1] Energy Manual, Sustainable Architecture, Hegger, Fuchs, Stark, Zeumer, Edition Detail, Birkhäuser, 2007.

[2] Solarstadt, Konzepte- Technologien-Projekte, Fisch, Möws, Zieger. Kohlhammer, 2001.

[3] Aktivhaus- Das Grundlagenwerk: Vom Passivhaus zum Energieplushaus, Hegger, Fafflok, Hegger, Passig. Callway, 2013.

[4] Solar Architektur: Wegweisende Solararchitektur im Detail (Detail Green Books), Bergische Universität Wuppertal. Ins. F. Int. Architektur, 2011.

[5] Erdwärme in Ein- und Mehrfamilienhäusern: Grundlagen, Technik, Wirtschaftlichkeit，Jürgen Schlabbach, Sabine Drescher, Christian Kley. VDE-Verlag, 2012.

[6] Atrium , Hochschule Hochschule für Technik + Architektur Luzern, Zürcher Zürcher Hochschule Winterthur. Birkhäuser, 2004.

[7] Gebäudehüllen für das 21. Jahrhundert / Building Envelopes for the 21st Century, Heusler, Kühn, Nickl-Weller, Gebhardt, Haas. Institut f. intern. Architektur-Dok. 2013.

[8] The Passivhaus Handbook: A practical guide to constructing and retrofitting buildings for ultra-low-energy performance (Sustainable Building), Janet Cotterell, Adam Dadeby. Green Books, 2012.

后记 Epilogue

当我即将完成本书的最后一章时，从DetailNews读到一篇报道，介绍在荷兰的s-Hertogenbosch市刚刚建好一座长250m跨越铁路、连接市中心和城市新区的步行桥。由于桥较长，所以10m宽的桥面种植了绿化。这本来没有什么特别，但是特别之处在于这座桥的桥面下铺设了地暖。也就是说，冬天，桥面不会被积雪覆盖或结冰，绿化也会安全过冬。这不是很浪费能量吗？每个人看到这里可能都会问。答案是不会。桥面下铺设的共达7km长的水循环管道在夏季吸收太阳的辐射热，将其存储在附近的季节性热存储器里，冬季再将其取出使桥面保持温暖。它不仅不浪费任何不可再生能源，并且在夏季存储的热量之多为桥面在冬季供暖用不完，还可以给附近的建筑供暖！

读完这篇新闻报道我不禁要为这个荷兰工程点赞！这可能是世界上第一个有地暖的桥（零碳排放），但肯定不是最后一个运用智慧使建成环境更舒适和环保的实例。人类的智慧还有很大的开发潜力，希望这本书为这样的"第一"将来有可能出现在我国出一点微薄之力。